Iosias Jody (Éd.)

Hamoun-e Puzak

Iosias Jody (Éd.)

Hamoun-e Puzak

Eau douce, Afghanistan, Seistan-o-Balouchestan, Convention de Ramsar, Hindou Kouch

Cred Press

Imprint

Publisher:
Cred Press is a trademark of
International Book Market Service Ltd., 17 Rue Meldrum, Beau Bassin, 1713-01 Mauritius
Email: info@bookmarketservice.com
Website: www.bookmarketservice.com

Published in 2012

Printed in: U.S.A., U.K., Germany. This book was not produced in Mauritius.

ISBN: 978-613-7-13142-8

Contents

Articles

References

Hamoun-e Puzak

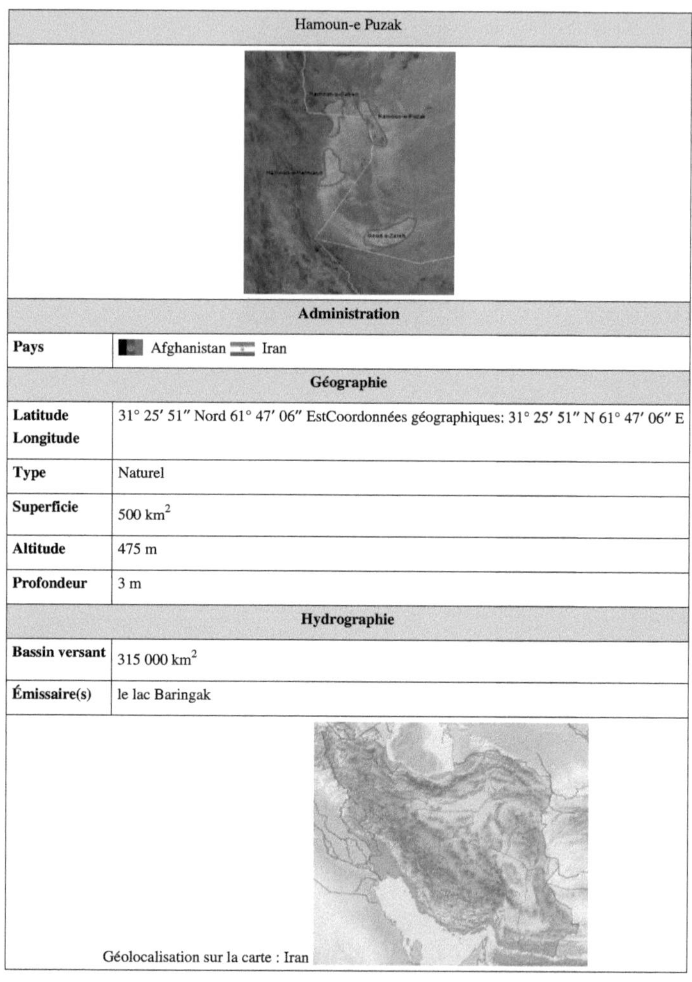

Hamoun-e Puzak	
Administration	
Pays	Afghanistan Iran
Géographie	
Latitude Longitude	31° 25′ 51″ Nord 61° 47′ 06″ EstCoordonnées géographiques: 31° 25′ 51″ N 61° 47′ 06″ E
Type	Naturel
Superficie	500 km^2
Altitude	475 m
Profondeur	3 m
Hydrographie	
Bassin versant	315 000 km^2
Émissaire(s)	le lac Baringak

Géolocalisation sur la carte : Iran

L'**Hamoun-e Puzak** est un lac d'eau douce du sud-est de l'Afghanistan et du sud-est de l'Iran, qui fait partie de la chaîne de lacs du Sistan appelés **Hamouns**. Il est situé à cheval sur la frontière irano-afghane, dans les provinces afghane de Nimrôz et iranienne de Sistan-o-Balouchestan.

Description

L'Hamoun-e Puzak est un lac peu profond d'à peu près 500 kilomètres carrés de surface moyenne dont plus de 400 en territoire afghan. Il est situé dans la cuvette du Sistan, région la plus déclive du plateau irano-afghan, à 100 kilomètres au sud-sud-ouest de la ville afghane de Farâh. Le lac a toujours été sujet à d'importantes fluctuations de taille suivant les variations des précipitations de pluie et de neige dans son bassin. Cependant, au sein de la chaîne des lacs appelés hamouns du Sistan, il est le premier à être alimenté lors des périodes de crue. De ce fait il ne s'assèche jamais complètement, même durant les sècheresses les plus sévères.

Sa taille varie largement d'après les saisons et d'année en année, d'après la quantité de précipitations écoulées dans les bassins de ses tributaires.

La portion iranienne du lac a été désignée comme faisant partie de la convention de Ramsar en 1975, mais reste non protégée.

L' Hamoun-e Puzak en chiffres

- Superficie maximale : 1 514,4 kilomètres carrés, dont 61 en Iran (Par superficie on entend la plus vaste surface couverte d'eau observée historiquement par image satellite, et non pas superficie moyenne, laquelle est de plus ou moins 500 km²)
- Volume maximal : 4 482,3 millions de mètres cubes
- Profondeur moyenne : 3 mètres (ref : [1])

Alimentation

Le lac est avant tout alimenté par les pluies d'hiver et la fonte des neiges des massifs montagneux afghans au printemps. L'eau lui parvient par les rivières Khach et Helmand qui prennent naissance dans les massifs de l'Hindou Kouch, du Koh-i Baba, du Koh-i Paghman et du Siyah Band, dans les hautes terres centrales de l'Afghanistan, situées au nord-est du lac. L'apport le plus important, celui de l'Helmand, pénètre dans le lac dans sa partie sud par le bras appelé **Parian**.

Ses tributaires sont presque à sec en été, mais en fin d'hiver et au début du printemps, ils roulent de grandes quantités d'eau issues de la fonte des neiges tombées sur les hautes montagnes du massif de l'Hindou Kouch (parfois 2000 m³ par seconde pour l'Helmand), ce qui provoque l'élévation rapide des eaux du lac.

La plupart des hamouns se désèchèrent totalement durant l'été 1971, suite à plusieurs années de sècheresse exceptionnelle, et durant cette période, toutes les zones humides du côté iranien de la frontière se trouvèrent tout à fait désèchées. Une autre série d'années sèches eut lieu dans la seconde moitié des années 1980, et les zones humides iraniennes se retrouvèrent à nouveau totalement à sec, cependant, les images satellites montrèrent que la portion afghane de l'Hamoun-i Puzak restait sous eau avec de vastes champs de roseaux.

Au début des années 1990 au contraire, suite à une série d'années très humides, les Hamouns étaient totalement remplis et les zones humides en excellent état.

Faune

Le lac est extrêmement important pour le passage et l'hivernage de la faune aviaire aquatique migratrice, et également, durant les années de haut niveau de l'eau, pour la nidification et la reproduction d'une série d'espèces d'oiseaux

Les oiseaux aquatiques

Quelque 369.000 oiseaux aquatiques furent recensés lors d'une surveillance aérienne de la portion afghane de l'Hamoun-e Puzak en janvier 1976. Après cette date, on n'a plus guère effectué ce genre de relevés, suite aux guerres qui n'ont cessé de ravager le pays. Voici leur répartition :

Le bécasseau semipalmé, un limicole.

Mouette rieuse

- Pélicans : 250 pélicans blancs et 350 Pélicans frisés
- Cormorans : 1.400 grands cormorans
- Aigrettes et hérons : environ 1.800 grandes aigrettes, plus de 400 hérons cendrés, et 12 hérons pourprés
- Oies et cygnes : on a relevé plus de 3.000 oies cendrées, quelques rares cygnes chanteurs (5), et un solide groupe de 470 tadornes de Belon
- Les canards du genre *Anas* sont nombreux et d'espèces variées : plus de 10 000 canards siffleurs, et autant de canards chipeau, plusieurs dizaines de milliers de sarcelles d'hiver et de canards colvert, plus de 15.000 canards pilet et 10.000 canards souchet. Au total près de 100 000 individus de ces différentes espèces.
- 2.500 nettes rousses,
- Canards plongeurs fuligules : pas moins de 50.000 fuligules milouin, 2.500 fuligules morillon, et une centaine de fuligules nyroca
- Les harles sont rares : une quarantaine d' harles piette
- Les 10 érismatures à tête blanche et 5 grues cendrées sont très rares, mais présents.
- Les foulques macroule sont très abondants (on en compte environ 175.000). On recense moins de 200 vanneaux huppés, quelque 500 barges à queue noire, et 1.400 petits limicoles.
- Goélands et mouettes (genre Larus) : une centaine de goélands ichthyaète, plus ou moins 600 mouettes rieuses et goélands railleur, 100 goélands leucophées
- Enfin pas plus de 75 guifettes moustac

Un comptage antérieur effectué au sol en février 1971 dans une partie de la zone humide, faisait état de 87 flamants roses (Koning & Dijksen, 1971).

Balbuzard pêcheur

Oiseaux de proie hivernants : le balbuzard pêcheur, le pygargue à queue blanche (maximum 11), le busard des roseaux (maximum 150), le busard Saint-Martin, le busard pâle, le vautour moine, l'aigle criard et l'aigle impérial (maximum 7).

Aucun recensement n'a jusqu'ici été entrepris durant les saisons de migration, mais il est certain que l'Hamoun-e Puzak est utilisé comme relais par un grand nombre d'oiseaux migrateurs, spécialement au printemps lorsque le niveau des eaux est au plus haut.

Situation écologique

Les eaux apportées tant par le Khach que par l'Helmand sont douces et d'assez bonne qualité. Cela est dû à la très modeste industrialisation de leur bassin et au faible emploi de pesticides et autres engrais chimiques sur les terres irriguées en amont. L'Hamoun-e Puzak est surtout menacé par les digues et projets d'irrigation des cours d'eau qui l'alimentent, essentiellement dans le bassin de l'Helmand.

Suite à la construction du barrage de Kajakai sur l'Helmand dans les années 1970, et du détournement subséquent de grandes quantités d'eau pour étendre les surfaces irriguées, le débit amené par la rivière est devenu moins abondant.

Les développements récents du côté iranien pourraient affecter gravement les terres humides de l'Hamoun-e Puzak. Des projets incluent la construction de plusieurs grands canaux d'irrigation prenant l'eau directement dans l'Helmand, ainsi que la construction d'un grand réservoir dans le désert à l'est de Zabol (le Chah-Nimeh), alimenté par un canal puisant directement dans la branche Parian de l'Helmand.

Des parties de zone humide ont été endommagées par la coupe abusive de roseaux, par des brûlis, par la coupe de bois et la surpâture. De larges portions de champs de roseaux sont régulièrement brûlées pour agrandir les pâturages destinées au bétail.

La vie sauvage est également largement perturbée et agressée par la pêche et la chasse. Dans les années 1970, le massacre d'oiseaux au moyen d'armes à feu ou de filets était largement répandu. Les spécialistes pensent cependant que si les oiseaux pouvaient être chassés uniquement pour les besoins de consommation de la population locale, la chasse pourrait être soutenable.

Notes et références

[1] Modification de l'environnement dans le bassin du Sistan (http://postconflict.unep.ch/publications/sistan.pdf) **[PDF]**

Voir aussi

- L'Helmand

Liens externes

- Histoire des modifications environnementales dans le bassin du Sistan (1976-2005) (http://postconflict.unep.ch/publications/sistan.pdf) **(en)** **[PDF]**
- Les zones humides en Afghanistan (http://www.iwmi.cgiar.org/wetlands/pdf/Middle_East/AFGHANISTAN.pdf) **(en)** **[PDF]**
- Les zones humides en Iran (page 116 ss) (http://www.iwmi.cgiar.org/wetlands/pdf/Middle_East/IRAN.pdf) **(en)** **[PDF]**

Eau douce

L'**eau douce** est une eau qui contient peu d'ions ou, en termes non chimiques, qui n'est pas salée. C'est l'eau des rivières et des lacs, l'eau de pluie, des glaciers, des tourbières, etc. par opposition à l'eau de mer ou à la glace de l'océan arctique. Ces deux types d'eau s'opposent dans les expressions *poisson d'eau douce*, *marin d'eau douce*, etc. L'eau douce n'est pas l'inverse d'une eau dure qui, elle, est définie comme une eau contenant des ions magnésium et/ou calcium. Ainsi, de l'eau contenant du chlorure de sodium dissous n'est ni douce ni dure.

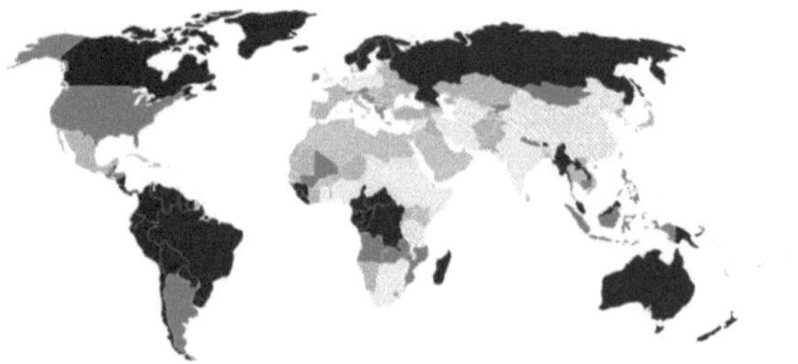

Disponibilité en eau douce, m³ par personne et par an du début des années 2000 de 50 000 à 605 000 m³. de 15 000 à 50 000 m³. de 5 000 à 15 000 m³. de 2 500 à 5 000 m³. de 1 700 à 2 500 m³ - vulnérabilité. de 1 000 à 1 700 m³ - stress hydrique. de 0 à 1 000 m³ - état de pénurie

Une eau douce contient généralement moins d'un gramme de matières solides dissoutes (comme les sels, métaux et éléments nutritifs) par litre. A titre de comparaison, l'eau de mer en contient plus de trente et le sérum physiologique en contient 0,9 g.

En aquariophilie l'expression « eau douce » est aussi utilisée pour désigner une eau non salée par opposition à l'« eau de mer » et l'eau saumâtre pour différencier trois types d'aquariums qui requièrent des équipements différents, dits aussi « aquarium d'eau douce », « aquarium d'eau saumâtre » et « aquarium d'eau de mer ».

Écosystèmes et biodiversité des eaux douces

Les eaux douces en tant qu'habitats naturels sont les écosystèmes qui abritent les espèces aquatiques terrestres, dites dulçaquicoles et qui fournissent une grande part de l'eau potable ou bue dans le monde. La biodiversité des eaux douces semble avoir été sous-estimée dans plusieurs régions du monde. Certaines espèces (amphibiens, insectes) peuvent avoir une phase de vie aquatique et une autre terrestre.

Une nouvelle carte mondiale, des écorégions d'eau douce a été produite en 2010 à partir des données de répartition de 13.300 espèces de poissons. Le chevauchement de ces zones avec des hot-spot terrestre de biodiversité est fréquent, notamment en région tropicale ; Ces zones à forte *congruence* pourraient mériter des efforts de conservation intégrée plus importants et priorisés, plaide une étude publiée en 2010[1].

Dans l'Union européenne, ils sont couverts par une directive cadre sur l'eau qui impose aux États membres un objectif pour 2015 de retour à un *bon état écologique* des masses d'eau (douce, saumâtre et marines)[2],[3].

Menaces, état, pressions

Les écosystèmes d'eau douce sont victimes de nombreuses sources de pollution, individuelles et collectives, urbaines et industrielles (pollutions accidentelles, effluents insuffisamment épurés, lessivage par les pluies d'orages), agricoles (nitrates, phosphates, érosion source de turbidité, pesticides).

La fragmentation écologique par les grands barrages infranchissables, le réchauffement ou la pollution contribuent à empêcher la libre circulation des organismes aquatiques, dont les poissons migrateurs. Et localement, dans les zones humides et sur leurs bassins versants, les plombs de pêche et de chasse ou de ball-trap perdus sont une source de saturnisme chez les animaux, les oiseaux d'eau étant les plus touchés. Ils sont aussi une source de pollution durable des sédiments.

Enfin, les eaux ruisselant sur des secteurs touchés par les séquelles de guerre, ou certains lacs, marais, bras morts, puits, etc., en particulier dans l'ancienne *zone rouge* peuvent être gravement polluées par des toxiques lorsque les munitions qui y ont été abandonnées ou perdues se mettent à fuir.

Les eaux chaudes tendent à perdre leur oxygène qui se dissout naturellement mieux dans l'eau froide, le réchauffement moyen, nocturne notamment des zones chaudes et tempérées est un facteur supplémentaire de dégradation de la biodiversité.

De nombreux poissons d'eau douce font partie des espèces qui régressent dans la plupart des pays développés et en développement, de même que les amphibiens considérés comme de bons indicateurs de qualité des eaux douces.

Origine des eaux douces

Après l'apparition de la vie, le cycle de l'eau a été modifié par son utilisation par les plantes et les animaux. Sur les milieux émergés, l'eau douce est vitale pour la plupart des espèces. Elle provient de la précipitation de vapeur d'eau atmosphérique. Elle-même est issue de l'évaporation des eaux marines et terrestres, mais aussi de la recondensation cyclique de l'évapotranspiration et de la respiration / transpiration des plantes et animaux. Elle provient également des cycles de réévaporation de la rosée et des eaux météoriques qui se sont évaporées avant de rejoindre les nappes ou les cours d'eau qui alimentent les lacs intérieurs, les rivières et fleuves, ainsi que des nappes d'eau souterraines profondes, soit directement, soit suite à la fonte de neiges ou de glaces (voir le cycle de l'eau). Sur Terre, 97 % de l'eau de surface est salée ; les 3 % restant constituent les réserves d'eau douce de la planète. On a approximativement la répartition suivante : 2/3 d'eau douce sous forme de glace et 1/3 sous forme liquide.

L'accès à l'eau (douce, saine et propre)

C'est un problème de plus en plus critique pour la survie de nombreuses espèces (« stress hydrique »), y compris l'être humain, notamment dans les déserts et autres contrées arides, polluées, ou dans les zones en cours de salinisation suite au déboisement, à l'irrigation ou au drainage.

L'eau douce étant très inégalement répartie et accessible sur la Terre, elle est une des grandes sources d'inégalité écologique et de conflits pour l'avenir selon l'ONU.

L'année 2003 a été proclamée l'année internationale de l'eau douce par l'Assemblée générale des Nations unies.

Voir aussi

Articles connexes

- Eau potable
- Nappe phréatique
- Ressource naturelle
- Directive cadre sur l'eau, SDAGE, schéma d'aménagement et de gestion des eaux
- Zone humide
- Réseau écologique
- Berge
- Lac
- Étang
- Fossé
- Mare
- Cycle de l'eau
- Drainage
- Irrigation
- Maladie hydrique
- Désertification
- Salinisation

Bibliographie

- Jean-Claude Lefeuvre et Nicolas Pion, *L'eau douce en France : histoire d'un long combat*, Milan, Toulouse, 2009, 116 p. (ISBN 978-2-7459-2940-2)
- Sylvie Paquerot, *Eau douce : la nécessaire refondation du droit international*, Presses de l'Université de Québec, Sainte-Foy (Québec), 2005, 246 p. (ISBN 2-7605-1323-8)

Liens externes

- Dossier du CNRS sur l'eau douce [4]
- Site web d'Environnement Canada sur l'eau douce [5]
- Article de l'UNESCO sur la guerre de l'eau [6]

Notes et références

[1] Robin Abell, Michele Thieme, Taylor H. Ricketts, Nasser Olwero, Rebecca Ng, Paulo Petry, Eric Dinerstein, Carmen Revenga, Jonathan Hoekstra, ; *Concordance of freshwater and terrestrial biodiversity* Online: 2010-11-18 DOI: 10.1111/j.1755-263X.2010.00153.x (http://onlinelibrary.wiley.com/doi/10.1111/j.1755-263X.2010.00153.x/abstract Résumé)

[2] Article 2 et Annexe V de la directive n° 2000/60 du 23 octobre 2000 modifiée établissant un cadre pour la politique communautaire dans le domaine de l'eau

[3] Circulaire DCE 2005/12 n°14 du 28 juillet 2005 (http://www.ineris.fr/aida/?q=consult_doc/consultation/2.250.190.28.8.2901) relative à la définition du "bon état" et à la constitution des référentiels pour les eaux douces de surface ainsi qu'à la démarche à adopter pendant la phase transitoire (2005-2007), non publiée au JO

[4] http://www.cnrs.fr/cw/dossiers/doseau/accueil.html

[5] http://www.ec.gc.ca/water/f_main.html

[6] http://www.unesco.org/courier/2001_10/fr/doss01.htm

Afghanistan

Coordonnées géographiques: 34° 31′ 00″ N 69° 08′ 00″ E

***(Da Afganistan Islami Jomhouriyet)* (ps)**

***(Jomhouri-ye Eslami-Ye-Afghanistan)* (fa)**

République islamique d'Afghanistan (fr)

(Drapeau de l'Afghanistan)

(Armoiries de l'Afghanistan)

Devise nationale : *Dieu est le plus grand. Il n'y a pas d'autre dieu que Allah et Mahomet est son prophète*

Langues officielles	dari (persan) et pachto
Capitale	Kaboul 34 °30' N, 69 ° 10' E
Plus grande ville	Kaboul
Forme de l'État	République islamique
- Président de la République - Vice-président	Hamid Karzai Maréchal Mohammad Qasim Fahim
Superficie - Totale - Eau (%)	Classé 42e 652000 km^{2} Négligeable

Population - Totale (2011) - Densité	Classé 38e 29835392[1] hab. 38 hab./km²
Indépendance - Date	du Royaume-Uni (indépendance diplomatique, seul le ministère des affaires étrangères afghan était sous le contrôle britannique[2]) 19 août 1919[3]
Gentilé	Afghan, afghane
Monnaie	Afghani (AFN)
IDH (2007)	0,352 (faible) (181)
Fuseau horaire	UTC +4:30
Hymne national	*Milli Tharana*
Code ISO 3166-1	AFG, AF
Domaine internet	.af
Indicatif téléphonique	+93
Organisations internationales	
AID, AIEA, ASACR, BAD, BID, BIRD, CIO, CNUCED, CPI, FAO, FIDA, FISCRCR, FMI, FSM, G77, Interpol, ISO (correspondant), MIGA, NAM OACI, OCE, OCI, OCS (invité), OIAC, OIM, OIT, OITS, OMC (observateur), OMD, OMM, OMPI, OMS, OMT, ONU, ONUDI, OSCE (partenaire), PC, SACEP, SFI, UIT, Unesco, UPU[4].	

L'**Afghanistan**, en forme longue la **République islamique d'Afghanistan** (pachto : د أفغانستان اسلامي جمهوريت (*Da Afganistan Islami Jomhouriyet*), dari (persan) : جمهورى اسلامى أفغانستان), est un pays d'Asie centrale sans accès à la mer entouré par le Pakistan, la Chine, le Tadjikistan, le Turkménistan, l'Ouzbékistan et l'Iran.

Le pays est un carrefour de l'Asie qui vit passer de nombreux peuples par son territoire. Ce dernier constituait, à l'époque de l'Antiquité, un point de passage important sur la route de la soie et fut un passage obligé pour de célèbres conquérants qui souhaitaient prendre le contrôle de l'Inde : Cyrus le Grand, Alexandre le Grand, Gengis Khan, l'empereur Bâbur, etc.

C'est à la suite de l'effondrement du royaume perse afchride que l'Afghanistan devient une entité souveraine en 1747, sous le commandement du général Ahmad Khan Abdali, devenu premier padishah du pays cette même année. Son territoire a cependant servi de noyau pour de vastes empires comme l'Empire bactrien, l'Empire kouchan ou encore l'Empire ghaznévide.

À la suite de la seconde guerre anglo-afghane, les Britanniques privent l'Afghanistan de territoires[5] mais s'engagent à ne pas s'immiscer dans les affaires intérieures de la partie restante[6]. Le pays devient ainsi un État tampon de 1879 à 1919, demeurant indépendant sur le plan de la politique intérieure[7]. En 1919, suite à la victorieuse troisième guerre anglo-afghane, le pays récupère le contrôle de sa politique étrangère avec le traité de Rawalpindi[8], lieu de la défaite des armées britanniques[9], et rejoint en 1921 la Société des Nations. Le pays subit l'invasion des troupes soviétiques en 1979. Cette invasion entraîne une forte résistance qui a raison de l'occupation en 1989. En 1996 un gouvernement islamiste, celui des Talibans, prend le pouvoir et est chassé par une coalition internationale en 2001. En 2004, le pays devient une « République islamique » de type présidentiel dirigée par un président aux pouvoirs étendus[10] mais contrôlés par un parlement bicaméral.

Toponymie

Le nom Afghanistan dérive de l'autre nom donné aux Pachtounes: les Afghans. Le suffixe du nom tient son origine du mot dari *stān* (« pays »). Afghanistan signifie donc *pays des Afghans*.

On a longtemps pensé qu'al-Biruni, le célèbre mathématicien, encyclopédiste et philosophe persan, fut le premier à avoir évoqué les Afghans dans son *Histoire de l'Inde* (1030). En réalité, le terme « Afghan » avait déjà été cité en 982 par Houdoud al Alam, géographe persan et Ibn al-Athir qui avait cité le nom 10 ans avant le premier.

De nombreuses légendes entourent le nom de ce peuple mystérieux dont le passé est relativement mal connu. Ainsi Khwadja Niamat-Ullah, historien et géographe indien à la cour de l'empereur moghol Jahangir, écrivit dans son *Histoire des Afghans* que le peuple afghan serait issu d'un officier du roi Salomon nommé *Afghâna*. Les descendants de cet officier auraient été chassés d'Israël par Nabuchodonosor et se seraient installés dans l'actuel Afghanistan, notamment dans la région des monts Sulaymân. Cette légende n'est pas confirmée et dans l'Ancien Testament on ne retrouve nulle part le nom de ce fameux officier de Salomon. Cette théorie peut aussi être réfutée par les origines du peuple pachtoune, ethnie majoritaire du pays. En effet, les Pachtounes font partie des peuples indo-aryens et ne sont pas sémites.

D'autres explications, toutes aussi originales, ont été avancées. Ainsi, l'une prétend que le mot « afghan » aurait des origines albanaises (du grec *Al-Ab*, on aurait fait *Agvan*, puis *Avgan*). L'autre, celle de Vera Marigo, se rapporte aux « épigones » — les successeurs d'Alexandre le Grand : *Epigonoï* aurait évolué en *Aphigonoï* (*Afigani*). Ces théories n'expliquent pas les mille ans qui séparent la fin des royaumes grecs de la toute première apparition du mot « Afghan[11] ».

Histoire

L'Afghanistan, considéré comme un carrefour de l'Asie centrale, a une histoire mouvementée. À travers les âges, le territoire désormais connu sous le nom « Afghanistan » a dominé la région puis a été occupé à son tour par l'Empire perse, par Alexandre le Grand, Genghis Khan, et l'URSS. Son emplacement géographique sur les routes commerciales fait que ce pays reste encore au début du XXIe siècle un enjeu stratégique majeur.

Cet emplacement stratégique a profité à de nombreux royaumes qui se sont succédé sur ce territoire. Ainsi, après l'effondrement des royaumes grecs et un bref contrôle exercé par l'empereur Ashoka, le peuple Yuezhi, avec à sa tête le chef Kujula Kadphisès s'empare du pays et se taille un gigantesque Empire qui sera nommé l'Empire kouchan. Son territoire s'étendait de l'Iran actuel jusqu'en Inde, probablement plus loin que Delhi et de la mer d'Oman jusqu'à la mer d'Aral. Pour beaucoup d'historiens, c'est grâce à cet Empire kouchan et plus précisément à son empereur Kanishka Ier que le bouddhisme a pu s'étendre jusqu'en Chine, en Corée et au Japon par les voies commerciales et non par des conquêtes militaires.

Les Afghans menèrent de nombreuses batailles contre les envahisseurs qu'ils aient été perses, indiens, russes ou britanniques. Ces derniers ont notamment subi en Afghanistan des défaites marquantes, en particulier celles de Gandamak en 1842[12] où le 44e régiment britannique fut totalement anéanti et de bataille de Maiwand où le 66e régiment n'a compté que quelques survivants. L'Afghanistan fut le seul État asiatique avec le Japon à tenir tête aux puissances coloniales européennes. Son histoire et sa création comme État tampon entre les possessions de l'Angleterre et de la Russie ne se comprend pas sans une analyse géopolitique du Grand Jeu des Puissances, réactivé au début du XXIe siècle dans un contexte de contrôle des routes pétrolières et gazières.

Avant 1747

Convoité par de nombreuses puissances tant régionales que mondiales, l'Afghanistan se trouve toujours sur le chemin de l'Inde lorsque les Perses, Grecs, Moghols, ou Turcs rêvent d'en prendre le contrôle. Inversement, l'Afghanistan s'est toujours trouvé sur le chemin des empereurs indiens comme Ashoka, dans leur volonté d'expansion vers l'ouest.

Parallèlement, l'Afghanistan a également été le centre de nombreux pouvoirs forts d'origine grecque sous l'Empire bactrien, bouddhiste sous l'Empire kouchan, turcde Turkestan afghan (la région nord afghan) sous le règne des empereurs Ghaznévides comme le Grand Mahmûd de Ghaznî qui a conquis depuis sa capitale "Ghazni" (ville du sud d'**Afghanistan**) non seulement une bonne partie d'Asie centrale, la Perse et l'Inde du Nord, ou l'Afghan Muhammad Ghûrî de la dynastie des Ghûrides (originaire de la région de Ghûr appelé aussi Ghor dans le centre l'actuel Afghanistan) qui conquis non seulement la totalité de l'actuel Afghanistan et l'Inde du Nord, où on le considère comme fondateur de la Sultanat de Delhi (qui a été fondé après son passage en vérité par un de ses lieutenant afghan, Qûtb ud-Dîn Aibak. La région va souffrir au XIIIe siècle avec le passage des hordes sanguinaires mongoles de Gengis Khan, qui va détruire des cités prospère comme Balkh et Bamiyan tout en massacrant ses habitants. Après une période de décadence et de petites principautés qui dominent l'actuel Afghanistan. En 1370, Timur Lang appelé Tamerlan par les occidentaux, un turc originaire d'Asie centrale se débarrasse de son beau-frère, s'auto-proclame "Emir" dans la cité de Balkh et se lance à la conquête du monde en installant sa capitale à Samarkand (l'actuel Ouzbékistan)et fonda l'empire des Timurides, mais son fils Shah Rukh Mirza va transférer le siège de l'empire à Hérat (actuelle ville de l'ouest afghan) et Hérat va connaître son âge d'or sous le règne du Sultan Hussain Baïqara au XVe siècle avec l'édification de l'art timuride, la littérature et la connaissance, Hérat va devenir non seulement la capitale impériale et le berceau de la connaissance et de la civilisation. En 1510, l'Empire Timurides est détruit par l'Ouzbek Chaïbani Khan. Puis c'est l'entrée d'un prince local Timuride de Ferghana, Babur qui a été chassé de son trône par ses oncles et installé à Kaboul, où il s'est fondé un petit royaume composé de Kaboul et Kandahar. Depuis sa capitale, Kaboul il se lance à la conquête de l'Inde, où il va chasser du trône de Delhi, le Sultan afghan Ibrahim Lodî. Babur va fonder la dynastie appelée Baburide, connue sous le nom des Grands Moghols de l'Inde. L'Afghanistan va connaître une période mouvementée, disputé entre les Grands Moghols de l'Inde et les Séfévides de Perse. En 1707, le prince afghan de Kandahar, Mirwais Khan Hotaki de tribu pachtoun de Ghalzaï qui va chasser les Perse au-delà de sa région et son fils Mahmud Hotaki va repousser les Perses, tout en envahissant leur pays et se fait couronner "Shahanshah" (roi des rois) à Ispahan, la capitale des Séfévides par l'empereur déchu des Perses qui lui remet non seulement sa couronne et son épée et le fait couronner "empereur" en 1722. En 1739, c'est le revers, un turkmène persan s'autoproclame roi sous le nom de Nader Shah Afshar va chasser les Afghans et envahit de nouveau le pays et l'Inde du Nord.

Le rôle de l'islam est également fondamental dans l'histoire de ce pays. Les premières armées arabo-musulmanes répondent à l'agression des Sassanide de Perse et défient le puissant voisin à la bataille d'al-Qadisiyya. La déroute des sassanides ouvre la voie à la jeune armée musulmane qui finit par absorber le grand Empire dont l'Afghanistan faisait partie intégrante. L'islamisation de l'essentiel du pays a pris plus de 200 ans. La résistance légendaire des shahs de Kaboul, encore bouddhistes, l'a considérablement retardée. La région du Nourestân a été la dernière région du pays à se convertir à l'islam. En effet, les Nouristanis ne sont majoritairement musulmans que depuis le XIXe siècle, soit plus de 1200 ans après les toutes premières conquêtes arabes.

Après l'installation définitive de l'islam en Afghanistan, celui-ci ne s'est plus étendu grâce aux Arabes mais surtout grâce aux turcs comme l'empereur Mahmûd de Ghaznî et Muhammad Ghûrî. En ce qui concerne l'islamisation de l'Inde, le chef militaire afghan Sher Shah Suri y a joué un très grand rôle où il fut suzerain juste et ingénieux à Sasaram. Ce dernier a notamment été à l'origine de la route *Grand Trunk Road* connue par les Européens sous le nom de la Grande marche. Cette route relie le Bengale à Delhi, s'étend jusqu'au Pakistan et finit en Afghanistan passant par le Khyber Pass. Le tombeau du suzerain, appelé aussi le deuxième Taj Mahal en Inde, figure sur la liste du patrimoine mondial de l'humanité de l'Organisation des Nations unies pour l'éducation, la science et la culture

(UNESCO).

1747-1919

Règne d'Ahmad Shâh Durrani

L'Afghanistan en tant qu'état commence à exister en 1747. Cette date correspond à la dislocation de l'Empire perse afsharide, après la mort de l'empereur Nader Shah de Perse. Très rapidement, l'Afghanistan s'impose comme une puissance militaire de premier ordre dirigée par des généraux hors pair comme Ahmad Khan Abdali. Ce chef militaire, devenu padishah Ahmad Shâh Durrani, cette même année, après son élection par la *Loya Jirga*, mène de nombreuses campagnes militaires et étend l'Empire afghan aux confins de l'Empire perse et indien où il met définitivement fin au règne des Moghols. Les Afghans remportent de grandes victoires en Inde : par exemple, la troisième bataille de Pânipat qui fit la renommée d'Ahmad Shâh Durrani.

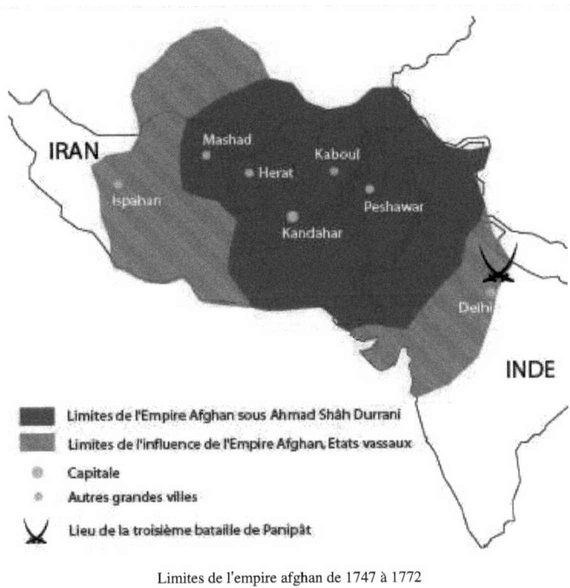

Limites de l'empire afghan de 1747 à 1772

Pour beaucoup d'Indiens, parmi les quelques raisons qui ont permis aux Britanniques de s'installer durablement sur le sous-continent indien figurent deux événements majeurs. D'une part, la troisième bataille de Pânipat pendant laquelle les forces militaires sikhs et indiennes qui auraient pu résister aux forces armées britanniques furent anéanties par les Afghans. D'autre part, l'inaction des souverains afghans, sourds aux innombrables appels des maharajahs indiens pour les aider face aux Britanniques. Les souverains afghans, bien qu'excellents guerriers, ne furent jamais de fins politiciens, n'ayant pas mesuré l'importance de la pénétration des armées britanniques. Les Afghans ont dû aussi faire face à l'avancée des armées russes au Nord du pays et ont dû céder d'importantes villes comme Samarcande et Boukhara.

Ahmad Shah Durrani régna sur l'Afghanistan jusqu'en 1772, l'année de sa mort, laissant son Empire à son fils Timour. On présume qu'il est mort d'un cancer de la face, mais personne ne le sait vraiment. Le fondateur de l'Afghanistan porte aussi le titre de « Bâbâe Mélat » qui, en pachto, signifie père de la Nation. Il est seul, avec Mohammed Zaher Chah, le dernier roi d'Afghanistan, à détenir ce titre.

Règne de Timour Shâh Durrani

Le règne du fils aîné d'Ahmad Shâh Durrani, Timour Shâh Durrani commença en 1772 et dura 21 ans. À 24 ans, le jeune Timour était déjà un administrateur et un commandant confirmé. Sous le règne de son père, Ahmad Shâh Durrani, Timour Shâh fut gouverneur de Lahore, de Multan et de Herat mais aussi Vice-Roi du Penjab. Contrairement à son père, Timour Shâh n'aima jamais le faste et les conquêtes militaires, la priorité du jeune souverain fut de contenir son Empire dans ses limites de l'époque, ce qui était déjà extrêmement complexe.

Timour Shâh accéda au trône dans un climat de confusion et de guerres d'influence en coulisses. N'ayant laissé aucune instruction ni protocole quant à sa succession, Ahmad Shâh avait rendu compliquée la succession au trône afghan. Pour les dirigeants de l'époque, il n'était un secret pour personne que Timour Shâh avait la préférence de son père. Le jeune Timour Shâh avait montré ses capacités de gestionnaire et de bon chef militaire en gouvernant les provinces les plus difficiles (hormis Herat). Il avait également assuré la vice-régence de Penjab, une région reculée de l'empire, très difficile à gouverner pour cause de dissensions internes et attaques incessantes des sikhs. Bien qu'indéniablement Timour Shâh eût la préférence et la confiance de son père, les chefs de tribus, notamment les chefs Ghilzai (adversaires traditionnels des Durrani) ne souhaitaient pas voir Timour Shâh succéder à son père, très probablement parce que d'une part le jeune Timour n'avait pas le charisme de son père et que d'autre part qu'il était très indépendant, ce qui ne convenait pas aux chefs de tribus qui préféraient un Padishah facilement contrôlable.

C'est ainsi que le vizir d'Ahmad Shâh Durrani, Shah Wali Khan Bomezaï convainquit son beau-fils et le frère cadet de Timour Shâh, le prince Sulayman Khan Durrani de revendiquer le trône en 1773. Alors loin de la capitale, Timour Shâh, apprit la nouvelle de l'intronisation de son frère Sulayman Khan comme Padishah de Kandahar, alors la capitale de l'Empire. Ce fait inacceptable poussa le jeune Empereur à marcher sur la capitale, soutenu par tous les clans de la tribu Durrani. La ville opposa une forte résistance sur ordre de Shah Wali Khan Bomezaï afin de protéger Sulayman Shâh. Mais il échoua finalement dans son entreprise d'installer au pouvoir un Padishah pantin. Tentant de se faire pardonner par Timour Shâh, ce dernier voulut donner l'exemple en ordonnant à la garde impériale de décapiter Shah Wali Khan Bomezaï alors qu'il demandait audience. Ce châtiment eut pour conséquence de calmer toutes les velléités et tentatives de coup d'État pour une courte durée mais attisa la haine des tribus Ghilzaï à laquelle appartenait Shah Wali Khan Bomezaï. Le jeune Timour put entrer dans la ville de Kandahar et se faire couronner Padishah de l'Empire afghan.

Kaboul devient capitale en 1776

Sous le règne de Timour Shâh Durrani, l'Afghanistan connut une relative stabilité mais resta rongé par des dissensions internes, notamment parmi les familles pachtounes, l'ethnie dont était issue la famille impériale. Les tribus Ghilzai et Durrani, deux branches pachtounes, se battent depuis la création du pays pour accéder au pouvoir. On retrouve cet affrontement tout au long de l'histoire afghane, notamment contemporaine. À titre d'exemple, les talibans sont essentiellement dirigés par les Ghilzai, la tribu de Mollah Mohammad Omar, alors que le président actuel, Hamid Karzai, est un représentant de la tribu des Durrani, branche Mohammadzaï, clan Popalzaï.

Timour Shâh se sentait à l'étroit dans sa capitale Kandahar où il était sans cesse pris à partie par certains membres de sa cour. Fatigué des agissements de la cour qui provoqua la révolte de 1774 et proclama Padishah un certain Abdul Khaliq Khan, Timour Shâh décida de transférer la capitale de Kandahar à Kaboul en 1776. La révolte de la cour tenait à deux faits majeurs : les chefs de tribus entendaient profiter de la mort d'Ahmad Shâh Durrani pour étendre leur pouvoir féodal déjà considérable que Timour Shâh avait commencé à réduire sous son règne et parce que le jeune Empereur était très indépendant, refusant de suivre les chefs de clan. Afin de minimiser les risques de coup d'État et son éventuel assassinat, Timour Shâh choisit Kaboul pour capitale. D'abord parce que la ville était très appréciée de plusieurs souverains qui y avaient établi leur capitale avant Timour Shâh, comme l'Empereur Babûr Shah, surnommé d'ailleurs le roi de Kaboul. En outre la ville était appréciée pour sa fraîcheur, alors qu'une chaleur écrasante régnait à Kandahar. Par ailleurs la ville était prospère et fut le centre des arts, de la culture et des sciences de l'Empire. Son multiculturalisme permettait d'amoindrir le rôle des pachtounes assoiffés de pouvoir.

Mort suspecte de Timour Shâh et deux siècles d'instabilité

Timour Shâh fut finalement assassiné, probablement par empoisonnement le 18 mai 1793. Sa mort reste suspecte et n'a jamais été élucidée. L'Empereur se portait très bien, comme tous les guerriers, si bien qu'une mort subite comme la sienne ne peut que laisser interrogatif. Son tombeau à Kaboul est resté inachevé.

L'Empereur Timour a finalement commis la même erreur que son père en ne désignant clairement aucun de ses fils comme successeur et en ne mettant en place aucun protocole de succession. Néanmoins, il laissa entendre que son préféré était son fils Zaman Shâh qui fut d'ailleurs élevé au rang de gouverneur de Kaboul, alors la fonction la plus prestigieuse après celle de Chef de l'État.

La mort subite de Timour Shâh et l'absence d'héritier au trône clairement désigné plongent l'Afghanistan dans une profonde instabilité qui durera deux siècles et que les Britanniques sauront exploiter au détriment des Afghans tout au long du XIXe siècle.

Règne de Zaman Shâh Durrani

La mort subite de Timour Shâh ouvre une ère de guerre et de déchirures pour la succession au trône. Alors gouverneur de Kaboul, Zaman Shâh, le cinquième fils de Timour Shâh est couronné Empereur en 1793, succédant ainsi à son père avec le soutien du chef des Mohammadzay et des Barakzay de Kandahar, sardar Painda Mohammad Khan qui va devenir son Grand Vizir sous l'appellation de Wazir Sarfaraz Khan. Mais ses 22 frères réclamaient le trône aussi, arguant que leur père n'avait clairement désigné aucun de ses fils et qu'il n'y avait aucune loi qui permettait à Zaman Shâh de devenir souverain. Ce fut alors le début d'une guerre civile qui déchira le pays pendant plusieurs années.

Les dirigeants historiques furent issus de la tribu des Abdali de l'ethnie afghane, dont le nom fut changé en Durrani lors de l'accession d'Ahmad Shâh. Ils prolongèrent jusqu'à la dynastie Saddozay du clan Popalzay ou de la dynastie Mohammadzay du clan Barakzay de l'ethnie pachtoune. Les Mohammadzay donnèrent fréquemment les rois Saddozay ainsi que des conseillers suprêmes, qui servirent occasionnellement comme régents, identifiés avec l'épithète Mohammadzay.

Shah Shuja

Shuja Shah Durrani (aussi connu comme Shah Shujah, Shoja Shah, Shujah al-Mulk) (4 novembre 1785 - 5 avril, 1842) est le cinquième padischah d'Afghanistan de la dynastie Durrani entre le 13 juillet 1803 et 1809 puis du 8 mai 1839 à sa mort en 1842.

Fils de Timour Shâh, il est gouverneur d'Herat et de Peshawar de 1798 à 1801. Il dépose son demi-frère Mahmud Shah et dirige l'Afghanistan de 1803 à 1809.

Il s'allie avec le Royaume-Uni en 1809 pour empêcher toute tentative d'invasion de l'Inde par Napoléon et la Russie, mais il est alors rapidement renversé par son prédécesseur.

Après des emprisonnements successifs à Attock, puis au Cachemire et à Lahore entre les années 1811-1814, il est contraint de céder le diamant Koh-i Nor qu'il possédait pour retrouver la liberté. Son exil se partage alors entre le Punjab et le Ludhiana.

En 1838, il s'allie avec le Royaume-Uni et le Punjab pour envahir l'Afghanistan, contribuant au déclenchement de la première guerre anglo-afghane. Il retrouve son trône en 1839 avec l'aide des Britanniques, trente années après son premier règne mais il est assassiné en avril 1842, après leur départ.

Bataille de Gandamak

En janvier 1842 une bataille opposa l'armée britannique des Indes aux forces de Dost Mohammad Khan, souverain de l'Afghanistan, dirigées par son fils Wazir Akbar Khan.

Afin de contenir l'expansionnisme russe, dont les forces militaires venaient d'annexer les grandes villes de Samarcande et Boukhara, les Britanniques décidèrent de s'emparer de l'Afghanistan. Les généraux avaient planifié de prendre le contrôle de la passe de Khyber ainsi que des grandes villes d'Afghanistan comme Jalalabad, Kaboul, Kandahar et Herat en y envoyant un contingent limité de militaires. Mais les troupes anglaises et indiennes durent affronter une résistance de troupes afghanes dont la valeur avait été sous-estimée. L'issue de la bataille, un désastre et un camouflet pour les armées anglaises, marquera par la suite la politique étrangère britannique en Asie du Sud.

1919-2001 : Instabilité chronique

Depuis 1900, onze dirigeants furent déposés :

- 1919 Habibullah Khan est assassiné le 20 février à Kalagosh pendant une partie de chasse, guerre d'indépendance contre l'Empire britannique ;
- 1929 abdication du roi Amanullah Shah qui s'exile en Inde puis en Europe, fuite devant une révolte populaire ;
- 1929 Inayatullah Shah règne trois jours avant d'abdiquer (14 au 17 janvier 1929) ;
- 1929 Amir Habibullah Ghazi (Bacha e Saqao), exécuté par son successeur qui restaura la dynastie Barakzaye ;
- 1933 Mohammed Nadir Chah assassiné;
- 1973 Mohammed Zaher Chah fils du précédent, déposition du roi, fuite en Italie, coup d'État, passage à une république ;
- 1978 Mohammed Daoud Khan assassiné à la suite d'un coup d'État;
- 1979 Nour Mohammad Taraki et Babrak Karmal exilés ;
- 1979 Hafizullah Amin et Nour Mohammad Taraki, le premier tue le second ;
- 1979 Hafizullah Amin tué par une fraction du Parti démocratique populaire d'Afghanistan (PDPA) à la suite d'un coup d'État soutenu par l'Union soviétique ;
- 1986 Babrak Karmal remplacement en fin de mandat ;
- 1992 Mohammed Nadjibullah
- 1996 prise de Kaboul par les talibans, et assassinat du président Mohammed Nadjibullah par les talibans ;
- 2001 Le 9 septembre 2001, Assassinat de Ahmed Shah Massoud dit "le Lion du Panjshir".
- 2001 renversement du gouvernement islamique des talibans par les États-Unis et ses alliés de l'OTAN.

La dernière période de stabilité en Afghanistan eut lieu entre 1933 et 1973, lorsque le pays était sous la direction du roi Zaher Chah. Néanmoins, en 1973, le beau-frère de Zahir, Sardar Mohammed Daoud entreprit une action non sanglante le 17 juillet 1973. Coup d'État de Daoud qui, avec l'appui des militaires, renverse son cousin Zaher. Ce dernier abdique en août et s'installe en Italie.

1978-1992 : Invasion soviétique

Les troupes soviétiques en Afghanistan en 1988.

L'invasion soviétique de l'Afghanistan s'inscrit dans le contexte de la guerre froide, puisque les États-Unis soutiennent le Pakistan face à une Inde qui se voulait le fer de lance des pays non-alignés ; l'URSS soutient l'Afghanistan qui avait, depuis 1919, des revendications territoriales sur les régions à majorité pachtounes du Pakistan, ce qui aurait permis à l'Afghanistan de se désenclaver en possédant un accès vers la mer d'Arabie [Où ?] [précision nécessaire].

Suite à un coup d'État fomenté en 1973 par le prince Mohammed Daoud Khan, la monarchie afghane est renversée, et la République d'Afghanistan proclamée. L'État afghan s'éloigne de plus en plus de Moscou. Pour éviter sa perte d'influence dans la région, l'Union soviétique décide d'intervenir en Afghanistan, dès 1978, pour y placer un régime à ses ordres. Le coup d'État du Parti Démocratique Populaire d'Afghanistan, le 27 avril 1978, renverse le gouvernement de Daoud. Ce dernier est assassiné, de même que de nombreux membres de sa famille. Muhammad Taraki (1917-1979), leader du *Khalq* (fraction radicale et majoritairement pachtoune du PDPA) devient président de la nouvelle République démocratique d'Afghanistan, régime « socialiste » et prosoviétique. Ce régime entretient des relations privilégiées avec l'URSS et met en place une série de réformes collectivistes et sociales (alphabétisation, droit des femmes, réformes agraires...) qui contrarient les coutumes conservatrices afghanes. L'émigration des Kirghizes du Wakhan en Turquie a lieu à cette époque.

Tapis afghan à décor de chars et d'hélicoptères, Musée de la tapisserie, Beauvais

Une partie des Afghans entre en résistance contre le pouvoir central soutenu massivement par l'Union soviétique et fomente un nouveau coup d'État le 28 décembre 1979, ce fut le début de la première guerre d'Afghanistan. Babrak Karmal devient président. L'Union soviétique soutient le nouveau régime et intervient massivement à partir de janvier 1980 pour reprendre le contrôle des zones rebelles (Sud-Est du pays principalement). Une vive résistance nationale se met en place face à un occupant soviétique qui ne s'attendait pas à une telle réaction. De plus cette agression soulève une grande émotion dans l'ensemble de l'Oumma et de nombreux islamistes issus de divers pays (Algériens, Bosniaques, Philippins, Saoudiens, Palestiniens, Égyptiens, voire quelques Européens d'origine maghrébine) se joignent à la résistance afghane (Moudjahidines). Les Soviétiques ne pourront jamais défaire ces combattants qui utilisent le terrain montagneux afghan pour mener une véritable guérilla financée et soutenue militairement par les États-Unis, le Pakistan, l'Arabie saoudite et diverses associations musulmanes à travers le monde.

Le 30 novembre 1986, Mohammed Nadjibullah devient président de l'Afghanistan à la place de Karmal. Les troupes gouvernementales doivent faire face à l'aide moindre de l'URSS d'année en année (pour cause de Perestroïka) et à une intensification des combats soutenus par le Pakistan voisin et ses moudjahiddin (« combattants d'islam ») ainsi que par les états occidentaux dont les États-Unis qui financèrent et armèrent des groupes islamistes pour lutter contre le pouvoir en place.

L'Union soviétique décide unilatéralement de quitter le pays en février 1989, laissant à Nadjibullah le contrôle du pays. Le régime tombe le 29 avril 1992 après la prise de Kaboul et la démission de Mohammed Nadjibullah le 16 avril.

1992-1996 : la guerre civile

Le 9 avril 1992, Ahmed Chah Massoud, futur chef de l'alliance du nord, entre dans Kaboul avec plusieurs milliers d'hommes et devient ministre de la défense en mai. Le 28 juin, Burhanuddin Rabbani, islamiste modéré du Jamiat-e-Islami, est nommé président intérimaire, puis élu chef du gouvernement en décembre. De 1992 à 1995, un gouvernement issu de la résistance afghane prend le pouvoir, mais il y a des dissidences internes. Massoud démissionne du gouvernement afin de permettre à Gulbuddin Hekmatyar, un fondamentaliste appartenant à l'ethnie pachtoune, majoritaire dans le pays, de devenir Premier Ministre. Mais les affrontements continuent dans Kaboul entre Talibans, forces du gouvernement (Massoud) et moudjahiddins (Hekmatyar, …).

Territoires contrôlés par les parties en conflit en 1996.

À partir de 1994, les Talibans conquièrent peu à peu les différentes provinces du pays. De 1994 à 1996, soutenus par l'armée pakistanaise, ils conquièrent l'essentiel du pays (sauf le réduit tadjik au nord-est) et instaurent une dictature fondamentaliste. Des membres du *Hezb-é-islami* (parti de Hekmatyar) entrent au gouvernement du président Rabbani tandis que Hekmatyar devient Premier ministre. Durant l'été 1996, Oussama Ben Laden, fuyant l'Arabie saoudite et après un séjour de deux ans au Soudan, retourne en Afghanistan. Il diffuse une déclaration de djihad contre les Américains.

Le 27 septembre 1996, les Talibans prennent Kaboul, la secrétaire d'État Madeleine Albright déclare alors que « c'est un pas positif[13] », et les fondamentalistes s'emparent dès lors du pouvoir. Le Mollah Omar, chef charismatique du mouvement et « Commandeur des Croyants », dirige le pays sans aucun titre politique ou constitutionnel. Mohammed Nadjibullah et son frère sont assassinés. Selon Ahmed Rashid, le mollah Abdoul Razzaq se trouvait à la tête du groupe qui s'empare de Nadjibullah, quelques heures avant l'entrée des Talibans dans la capitale[14].

1997-2001 : les Talibans

En 1997, les Talibans – étudiants en théologie –, appuyés par des groupes armés étrangers, prennent le contrôle du pays, à l'exception d'une région au nord-est, à dominance tadjike, sous le contrôle d'une nébuleuse de groupes armés qui forment l'Alliance du Nord, dont le commandant Massoud est la figure centrale. Les Talibans instaurent une paix relative après des années de guerre, au travers de la mise en application d'une loi islamique stricte, avec pour objectif d'instaurer « le plus pur État islamique du monde », fondé sur une stricte application de la charia, émanant de l'école déobandi.

Un militant de l'alliance du nord en 2002.

En 2001, la destruction des statues de Bouddha préislamiques de Bâmiyân (VIe - IVe siècle av. J.-C.), inscrites au patrimoine mondial de l'humanité par l'UNESCO, attire l'attention de la communauté internationale. Les autorités du Pakistan dénoncent alors publiquement leur politique extrémiste. Des relations étroites entre des groupes fondamentalistes pakistanais et les talibans perdurent néanmoins, notamment dans la région frontalière.

Le 9 septembre 2001, Massoud est assassiné lors d'un attentat suicide déguisé en une fausse interview par des pseudo-journalistes. Cet évènement est suivi deux jours plus tard des attentats du 11 septembre aux États-Unis, provoquant un revirement de la politique américaine qui va répondre rapidement à cette déclaration de guerre.

L'intervention de l'OTAN

Accusant le chef d'Al Qaida, Oussama Ben Laden, d'être responsable des attentats du 11 septembre, avec le soutien des autorités talibanes, les États-Unis déclenchent une nouvelle guerre d'Afghanistan. Avec l'aide des forces terrestres de l'Alliance du nord et un soutien aérien des forces de l'OTAN, ils renversent en quelques mois le régime taliban. Hamid Karzaï devient alors le nouveau président de l'Afghanistan.

Des soldats de la coalition en 2005.

La situation à la mi-2002 semble se stabiliser, même si l'insécurité reste présente dans des régions hors du contrôle du nouveau gouvernement, tandis que les zones sous contrôle de la Coalition sont la cible d'attentats. Le président Hamid Karzaï est ainsi victime d'une tentative d'assassinat, le 5 septembre 2002, lors d'un voyage dans la région de Kandahar.

Le 11 août 2003, l'OTAN prend le commandement de la Force internationale d'assistance et de sécurité (FIAS), à laquelle contribuent 37 pays[15] ; elle s'emploie à étendre l'autorité du pouvoir central et à faciliter la reconstruction du pays. Au 7 décembre 2004, une force internationale de près de 10000 hommes était en Afghanistan, s'ajoutant aux 20000 soldats américains toujours présents. Cette coalition, formée sous l'égide de l'ONU, tente d'installer des structures favorisant un retour de la démocratie.

Mais les activités rebelles perdurent : le 26 mai 2004, cinq membres d'ONG sont tués dans une embuscade au nord-ouest de l'Afghanistan[réf. nécessaire]. Le 16 juillet 2004, une roquette tombe près d'un collège visité quelques minutes plus tard par le président Hamid Karzaï[réf. nécessaire]. Le 29 août 2004, à Kaboul, un attentat à la voiture piégée fait au moins 12 morts et une trentaine de blessés[réf. nécessaire]. Les Talibans visaient l'entreprise de sécurité américaine Dyncorps, qui s'occupe de la protection du président afghan Hamid Karzaï.

Entre la chute des Talibans en 2001, et la Loya Jirga de 2003, l'Afghanistan a été appelé « État islamique transitoire d'Afghanistan » par les États-Unis et l'UE. Depuis l'élaboration de sa nouvelle Constitution, le pays est maintenant officiellement nommé « République islamique d'Afghanistan ». En 2004, deux ans après l'intervention internationale, l'Afghanistan est redevenu le premier pays producteur mondial de pavot, utilisé pour produire l'opium et l'héroïne.

Un soldat américain et un policier afghan en 2006.

À partir de 2005, la situation s'aggrave. Les talibans, en parallèle ou avec des volontaires étrangers, s'infiltrent dans certaines régions. En août 2006, l'OTAN lance une offensive (opération Méduse) à l'ouest de Kandahar, mais après la perte d'un avion de surveillance avec 14 militaires et plusieurs morts au sol notamment par « feu ami », son commandant réclame des renforts. Sur les dix premiers mois de 2006, la guérilla et les combats ont fait plus de 3000 morts en Afghanistan[16], alors que la production d'opium a augmenté de 60 % pendant l'année[17]. La guerre d'Afghanistan est particulièrement liée au conflit armé du Nord-Ouest du Pakistan. L'instabilité politique provoquée par les talibans au Pakistan, pays pivot de l'action américaine (conquête du district de Buner par les talibans, à une centaine de kilomètres d'Islamabad, la capitale), remet en cause la perspective d'une victoire à court terme en Afghanistan. Toutefois, depuis avril-mai 2009, l'armée pakistanaise a multiplié ses offensives contre les talibans mais refuse de s'attaquer aux groupes talibans afghans basés au Waziristan du Nord.

Politique

Kaboul en 2006.

Hamid Karzai est le président d'Afghanistan depuis 2001.

Actuellement, l'Afghanistan est dirigé par le président Hamid Karzaï dont la gestion du pays est de plus en plus contestée. Il a gagné les élections générales de 2004 en obtenant 55,4 %[18] des voix. L'ancien monarque Mohammed Zaher Chah est retourné dans le pays ; bien que très populaire, il ne fut pas réinvesti du pouvoir royal et son influence se limita seulement à des pouvoirs cérémonieux, jusqu'à sa mort en 2007.

Avec les accords de Bonn, la Commission Afghane de la Constitution fut établie pour consulter le peuple et formuler une constitution. Programmée pour la réaliser le 1er septembre 2003, la commission a demandé un délai pour entreprendre plus de consultations. La rencontre d'une *Loya Jirga* (Grand Conseil) constitutionnelle fut tenue en décembre 2003 quand une nouvelle constitution fut adoptée, créant une forme présidentielle de gouvernement avec une législature bicamériste.

Les troupes et les agences de renseignements des États-Unis et nombres d'autres pays sont présents, certains pour maintenir la paix, d'autres assignés à chasser les Talibans et al-Qaïda. Une force de maintien de la paix des Nations unies, la Force internationale d'assistance et de sécurité (FIAS) est opérationnelle à Kaboul depuis décembre 2001. L'OTAN a pris le contrôle de cette force le 11 août 2003. Une bonne partie du pays reste sous le contrôle des chefs de guerre.

L'Eurocorps est sous la responsabilité de l'OTAN qui dirige la FIAS à Kaboul depuis le 9 août 2004. Les pertes parmi ces troupes sont le plus souvent provoquées par des erreurs d'identification, des attentats à la voiture piégée ou des accidents routiers aggravés par l'absence de ceintures de sécurité.

Des élections nationales furent tenues le 9 octobre 2004. Plus de 10 millions d'Afghans furent enregistrés sur les listes électorales. Plus de 17 candidats s'opposant à Hamid Karzaï boycottèrent les élections, soupçonnant une fraude ; une commission indépendante mit en évidence la fraude, mais établit que cela n'affecta pas le résultat du scrutin. Hamid Karzaï gagna 55,4 % du vote[19]. Il fut investi de la présidence le 7 décembre. Ce furent les premières élections nationales du pays depuis 1969, lorsque des élections parlementaires furent tenues pour la dernière fois.

La politique intérieure du cabinet Karzaï est fondée sur un plan de reconstruction élaborée conjointement par ARTF[20] et plusieurs ministères clés: du Commerce et de l'Industrie, Économie et Finances, Mines et Ressources Naturelles. Le plan prévoit une privatisation des entreprises publiques ainsi que la création des conditions juridiques et fiscales pour attirer des investissements étrangers. Cette stratégie semble porter ses fruits. En 2007 l'entreprise chinoise China Metallurgical Group Corporation[21] a remporté l'appel d'offre du ministère des Mines et des Ressources naturelles portant sur l'exploitation de la mine de cuivre Ainak avec un investissement initial de 3 milliards de dollars US. L'Afghanistan recevra en échange près 400 millions d'euros de royalties par an pendant 30 ans, durée de la concession. Le contrat prévoit également la construction d'une centrale électrique de 400 Mw, d'une ville pour les mineurs, d'un hôpital et de plusieurs écoles. La Chine a par ailleurs promis la construction d'un chemin de fer reliant le port d'Hairatan sur le fleuve Amou-Daria dans le nord, jusqu'à la frontière pakistanaise à Turkham d'une valeur totale de 10 milliards de dollars US. Ce chemin de fer est considéré comme stratégique pour le développement du pays.

Provinces

L'Afghanistan est divisé en 34 provinces, ou *velayat* :

- 1 Badakhchan
- 2 Bâdghîs
- 3 Baghlân
- 4 Balkh
- 5 Bâmiyân
- 6 Deykandi
- 7 Djôzdjân
- 8 Farâh
- 9 Fâryâb
- 10 Ghazni
- 11 Ghôr
- 12 Helmand
- 13 Hérât
- 14 Kaboul
- 15 Kandahâr
- 16 Kâpîssâ
- 17 Khôst
- 18 Kounar
- 19 Kondôz
- 20 Laghmân
- 21 Lôgar
- 22 Nangarhâr
- 23 Nimrôz
- 24 Nourestân
- 25 Orozgân
- 26 Paktîkâ
- 27 Paktiyâ
- 28 Pandjchir
- 29 Parwân
- 30 Samangân
- 31 Sar-é Pol
- 32 Takhâr
- 33 Wardak
- 34 Zâbol

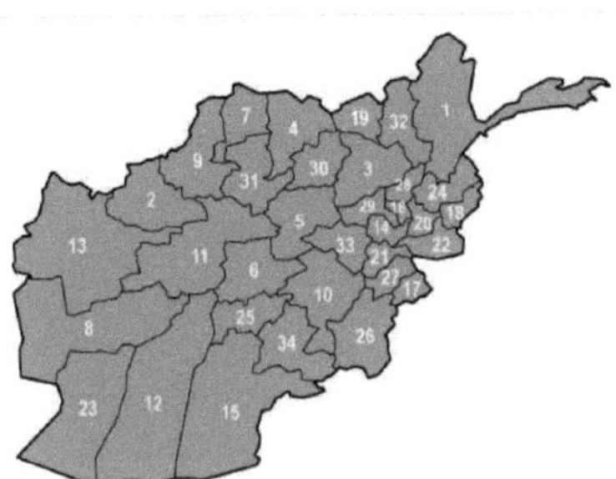
Carte des provinces de l'Afghanistan

Géographie

L'Afghanistan est un pays montagneux avec des plaines au Nord et au Sud-Ouest. Le point le plus haut du pays, à 7,485 m au-dessus de la mer, est Nowshak. De grandes parties du pays sont arides, et l'eau fraîche est limitée. L'Afghanistan a un climat continental, avec des étés chauds et des hivers froids. Le pays est fréquemment sujet aux tremblements de terre.

Les villes principales de l'Afghanistan sont sa capitale Kaboul, Herat, Jalalabad, Mazar-i-Sharif et Kandahar.

Fleuve : Hari Rud

Carte des villes de l'Afghanistan.

Économie

Agriculture

L'Afghanistan est avant tout un pays agricole. 85 % des Afghans sont des paysans[22]. Avant l'invasion soviétique de 1979 qui a totalement déstructuré le pays, l'Afghanistan était connu pour sa production de fruits. Profitant d'un climat avantageux et ensoleillé au Sud et humide au Nord, l'Afghanistan produit une large gamme de fruits qui va du raisin aux pastèques en passant par les cerises, abricots et melons. Alexandre Burnes, explorateur britannique, décrivait ainsi les fruits afghans : « Kaboul est particulièrement renommé pour ses fruits, qui sont exportés en grand nombre vers l'Inde. Ses vignobles sont si abondants que les grains sont donnés, pendant trois mois de l'année, au bétail. Il y en a de dix sortes différentes (au début du XXIe siècle, on dénombre 30 variétés de raisins en Afghanistan). Le vin de Kaboul a un parfum proche de celui du Madère ; et il n'est pas douteux qu'une meilleure qualité pourrait être produite dans ce pays avec un peu de soin. Les habitants de Kaboul font de multiples utilisations des raisins, beaucoup plus que dans d'autres pays. Ils utilisent le jus pour rôtir la viande ; et, pendant les repas, ils se servent de poudres de fruits comme condiments. Ils sèchent également beaucoup de raisins, fabriquent beaucoup de sirop. Peshawar (désormais au Pakistan) est célèbre pour ses poires, Ghazni pour ses prunes, qui sont vendues en Inde sous le nom de « prunes de Boukhara », Kandahar pour ses figues et Kaboul pour ses mûres[23]. » Les fruits afghans sont toujours autant prisés par les pays voisins qui absorbent la quasi totalité de la production. Une grande partie des terres servent à produire du pavot au détriment de la culture de céréales, de fruits et légumes. Cela a pour conséquence une raréfaction de denrées alimentaires sur le marché intérieur et le paradoxe est que l'Afghanistan devient ainsi un importateur de fruits, de céréales et de légumes pour répondre aux besoins intérieurs. En outre ces produits sont chers et les Afghans pâtissent du renchérissement de ces denrées.

L'Afghanistan fut également longtemps producteur de vin jusqu'à l'arrivée des islamistes au pouvoir. Bien que plus ouvert, le gouvernement actuel hésite à donner la permission de produire de l'alcool en Afghanistan. Avant 1992, l'Afghanistan produisait aussi des alcools forts comme la vodka.

Quant à ses céréales, la région de Badakhshan, à elle seule, est considérée comme le grenier à blé du pays. Le pays est largement autosuffisant si les terres sont correctement employées aux cultures vivrières.

L'eau

Le pays contient en son centre un massif montagneux qui culmine à plus de 7000 mètres d'altitude appelé Hindou-Kouch, le Piémont (géographie) de l'Himalaya. Ce massif montagneux contient des milliers de milliards de mètres cubes d'eau gelée en neiges éternelles. Plus d'une demi-douzaine de fleuves prennent leur source dans ce massif. Les problèmes de sécheresse sont essentiellement dus à l'absence d'un système d'irrigation efficace.

Les ressources naturelles

Au Moyen Âge déjà, certains géographes comme l'Arabe Ibn Hauqal (Xe siècle) font état d'une extraordinaire richesse du pays en ces termes : « On se procure à Badakhchan de magnifiques grenats, de splendides pierres précieuses qui valent les rubis par leur beauté et par l'éclat surprenant de leurs coloris roses, grenadins, purpurins ou encore d'une nuance lie-de-vin. C'est également là que l'on extrait le lapis-lazuli, grâce aux nombreux gisements des montagnes environnantes. »

En outre, le pays dispose d'autres innombrables richesses en tout genre et un immense potentiel d'exploitation à l'échelle industrielle. La signature d'un protocole d'accord, le 21 novembre 2007, entre le Ministère des mines et deux compagnies chinoises China Metallurgical Group et Jiangxi Cooper Co sur les mines de cuivre d'Aynak, témoigne de ce potentiel.

Le charbon

Le charbon est exploité au début du XXIe siècle de manière quelque peu rudimentaire par des habitants résidant près les gisements. L'utilisation de celui-ci est encore domestique, essentiellement pour le chauffage. Mais on estime que l'exploitation du charbon en Afghanistan pourrait rendre le pays autosuffisant en termes d'énergie. Reste cependant l'obstacle écologique : à l'heure où tout le monde cherche le moyen de réduire l'émission de CO_2 dans l'atmosphère, le choix du charbon comme énergie pourrait consister une erreur stratégique dans le développement à long terme de l'Afghanistan.

Les métaux

On peut notamment citer : le plomb, le zinc, l'alumine, le molybdène, le tungstène, la chromite, la baryte, le lithium, mais aussi des métaux très valorisés comme l'étain et le tantale, sans oublier les incontournables que sont le fer et le cuivre. Pour ce dernier, l'Afghanistan vient d'annoncer la signature de la cession d'exploitation de la mine de cuivre Aïnak, dont la teneur en cuivre est estimée à plus de 57 %[réf. nécessaire]. Les clauses du contrat prévoient un investissement chinois (les gagnants de l'appel d'offre sont China Metallurgical Group et Jiangxi Cooper Co) de 3500000000 $, la construction du chemin de fer reliant le Nord de l'Afghanistan à la frontière pakistanaise, la construction d'une centrale électrique de 400 mégawatts et des royalties calculées sur 40 % des ventes de cuivre réalisées. En outre, l'Afghanistan a obtenu la construction d'une usine de transformation de minerai en lingots de cuivre, ce qui permettra au pays d'en maîtriser la technologie.

Le fer peut également constituer une source importante de devises pour le pays. En effet selon Albert-Félix de Lapparent, la teneur en fer des gisements découverts au sud du Bâmiyân (centre de l'Afghanistan), dans la région de l'Hadjigak, est de l'ordre de 60%[réf. nécessaire]. L'exploitation des minerais de fer n'est pour l'instant pas à l'ordre du jour, mais représente un immense potentiel pour le pays.

Par ailleurs, des gisements d'or ont également été découverts dans des régions assez éloignées les unes des autres. Au Badakhchan, fut découverte dans les années 1960 une importante mine d'or qui n'est pas encore exploitée. Plus récemment une autre mine d'or a été découverte en 2003 près d'Herat à l'Ouest de l'Afghanistan. L'exploitation a déjà commencé et c'est une entreprise britannique qui l'assure.

Ces gisements de métaux ferreux et non ferreux constituent un potentiel de développement et de croissance considérable tant pour le pays que pour les entreprises qui envisagent d'y investir.

Pierres ornementales

Depuis l'Antiquité, l'Afghanistan est la source principale de lapis-lazuli pour toute la planète. Cette pierre ornementale incrustée de quartz a servi à fabriquer des bijoux qu'on a retrouvés dans les tombes des nobles aussi bien en Inde, qu'en Chine et même en Égypte antique. En outre, le lapis-lazuli a servi de pigment bleu pour la peinture de la période de la Renaissance en Europe. À titre d'exemple, citons le bleu éclatant qui a servi à peindre le ciel sur le dôme de la chapelle Sixtine au Vatican, ou le bleu des palais nasrides à Grenade en Espagne musulmane, ce pigment bleu provient du lapis-lazuli venu sur le dos des chameaux afghans.

Pierres précieuses

En ce qui concerne les pierres précieuses, hormis le diamant, l'Afghanistan contient quasiment toutes les autres pierres précieuses, parmi lesquelles on peut citer l'émeraude, le rubis, le saphir. Le pays a même donné son nom à une pierre : l'afghanite. Le commerce de l'émeraude et de lapis-lazuli a permis au commandant Ahmad Shah Massoud de payer la guerre coûteuse qu'il menait contre les taliban[24].

Énergies fossiles

Le pays possède d'importants gisements de gaz naturel dont l'exploitation avait commencé il y a plus de 60 ans déjà. Dans les années 1980, les réserves étaient estimées par la Banque mondiale à 140 milliards de m³. Des études préliminaires réalisées au début du XXIe siècle montrent que ces évaluations ont été sous-estimées d'au moins 18 fois, les réserves réelles seraient donc plus près de 2520 milliards de m³. D'autres experts pensent qu'elles sont encore plus vastes puisque les estimations ne concernaient que le nord et l'ouest or certaines poches ont été découvertes dans le Sud et l'Est.

Les réserves de pétrole seraient 90 fois plus grandes que ce que pensaient les Soviétiques dans les années 1980. Aujourd'hui, des compagnies pétrolières comme Unocal, Texaco, BP et Total se sont installés à Kaboul pour remporter des appels d'offres du gouvernement[25].

Production de tapis

L'Afghanistan est l'un des plus grands producteurs de tapis du monde.

Tapis afghan à décor de chars, de grenades et de Kalachnikovs, Musée de la tapisserie, Beauvais

Ce secteur d'activité emploie plus d'un million de personnes, soit 3 % de la population[réf. nécessaire]. Des millions d'autres personnes travaillent dans des branches d'activités connexes, telles que la production de la laine, la coupe, le lavage et le design.

En 2005, les exportations de tapis de l'Afghanistan ont atteint 140 millions de dollars US, ce qui en fait officiellement le produit d'exportation le plus important du pays.

Selon une étude réalisée pour le compte de l'Agence des États-Unis pour le développement international, l'importance de ce secteur doublerait si le pays pouvait faire revenir les entreprises qui se sont délocalisées au Pakistan.

Seule une petite proportion des tapis au dessin très élaboré et aux belles couleurs est vendue à l'étranger en tant que produits afghans, car plus de 90 % d'entre eux sont envoyés au Pakistan pour la coupe, le lavage et la finition. Ils sont alors exportés avec une étiquette indiquant qu'ils ont été fabriqués au Pakistan.

Narco-économie

Depuis le retrait des troupes soviétiques, la production d'opium est une source importante de revenus pour les Afghans. Ainsi dans son livre *Afghanistan - Opium de guerre, opium de paix*, le journaliste et sociologue Alain Labrousse estime qu'un tiers de l'économie du pays repose sur le trafic d'opium ou de ses dérivés. L'Afghanistan est le premier fournisseur mondial d'opium[26].

Même durant la période des Talibans, sa production a continué, avec plus ou moins un laisser-aller de la part des autorités talibanes. Le mollah Omar a même déclaré à des journalistes allemands : « À long terme, notre objectif est de nettoyer complètement l'Afghanistan de la drogue. Mais on ne peut pas demander à ceux dont l'existence dépend entièrement de la récolte de passer du jour au lendemain à d'autres cultures. » Il a tout de même ajouté que « si des non-musulmans souhaitent acheter de la drogue et s'intoxiquer, ce n'est pas à nous qu'il appartient de les protéger ». Durant l'été de l'an 2000, les Talibans ont malgré tout décidé de faire cesser complètement la production d'opium, la faisant baisser de plus de 95 %. Le peu d'opium encore produit en Afghanistan le fut très majoritairement sur des territoires contrôlés par l'Alliance du Nord, dont la province du Badakhchan qui produisit à elle seule 83 % du pavot afghan entre l'été 2000 et la fin de 2001 (estimation de 185 tonnes d'opium produits, dont 151 au Badakhchan[27]).

Depuis la fin de la guerre d'Afghanistan en 2001 et la mise en place d'un nouveau gouvernement, la culture du pavot, qui était déjà diffuse à l'époque des Talibans, a aujourd'hui atteint des niveaux records estimée pour 2006 à 6100 tonnes, ce qui dépasse largement la demande mondiale et concurrence durement les autres produits de la toxicomanie. La production par irrigation de légumes ou de fleurs peut s'avérer possible mais est très vulnérable aux sabotages.

Selon le rapport annuel de l'Office des Nations unies contre la drogue et le crime (ONUDC), publié le 27 août 2007, la production d'opium en Afghanistan a augmenté de 34 % entre 2006 et 2007. Le montant total de la récolte de pavot s'élèvera à 8200 tonnes pour 2007, contre 6100 tonnes en 2006. En tout, les terres d'Afghanistan utilisées pour la culture du pavot sont passées de 165000 hectares en 2006 à 193000 en 2007. D'après les enquêteurs de l'ONUDC, la culture du pavot se développe essentiellement là où la présence des talibans est très importante, dans le sud, soit à 80 % dans quelques provinces le long de la frontière avec le Pakistan. lemonde.fr [28].

Autre point de comparaison issu de l'ONUDC, d'après ses rapports *Opium survey 2001*[29] et *Afghanistan Opium Survey 2007*[30], la surface cultivée en pavot est passée de 7606 ha en 2001 (dont plus de 80 %, 6342 ha, dans la province du Badakhshan, celle qui était à l'époque principalement contrôlée par l'Alliance du Nord), à 197000 ha en 2007 (dont 70 % dans 5 provinces du Sud-Ouest bordant le Pakistan, principalement celle de Helmand). Ceci représente une multiplication par 26 de la surface cultivée entre la dernière année du régime des Talibans et la situation actuelle.

Télécommunications

En 2011, l'entreprise de téléphonie mobile Roshan est l'une des plus importantes du pays. Portée par les investissements du prince Karim Aga Khan IV, elle a pu se targuer d'être le premier employeur privé du pays. Il y a 3 autres opérateurs de téléphonie mobile, Afghan Wireless, MTN Group et Etisalat[31]. Depuis 2006 la téléphonie fixe est gérée par Afghan Telecom.

Démographie

L'Afghanistan n'a jamais réalisé un recensement systématique de sa population, les chiffres exacts sur la taille et la composition des divers groupes ethniques ne sont pas disponibles. Les chiffres suivants manquent de fiabilité.

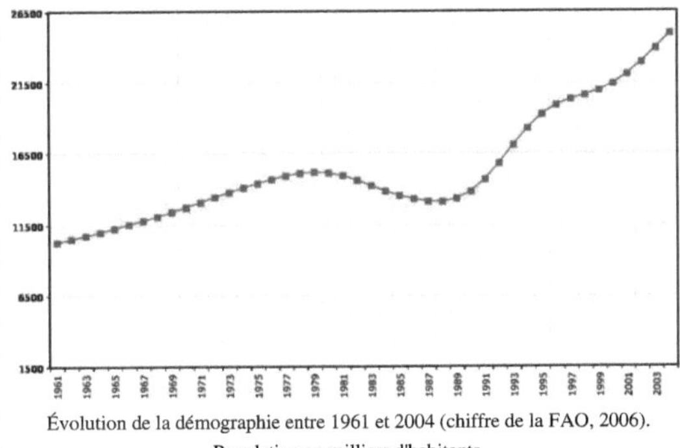

Évolution de la démographie entre 1961 et 2004 (chiffre de la FAO, 2006). Population en milliers d'habitants.

Les Pachtounes forment le plus grand groupe estimé à plus de 35 % de la population. Le deuxième grand groupe linguistique parle le dari comprenant les Hazaras (9 %) qui habitent le centre et les Tadjiks (33 %) (ou les Fars). Les Ouzbeks sont 9%. Il y a également une présence non négligeable de tribus telles les Aimak, les Turkmènes (3%), les Baloutches (< 2%), les Pashayis, les Kirghizes et les Nouristanis. Le bilinguisme est commun. Un petit nombre de minorités ethniques allogènes d'origine indienne, principalement des sikhs et des hindous, parlent le panjâbî.

Les Afghans sont majoritairement musulmans avec approximativement 70 % de sunnites et 29 % de chiites[32]. Le reste d'entre eux est hindou, sikh, juif ou chrétien. Les hindous et sikhs représentent aujourd'hui 0,3 % mais 1 % dans les années 1970 car beaucoup ont fui pendant la guerre civile des années 1990 vers les contrées voisines, l'Europe ou l'Amérique. Avec la chute des Talibans, des sikhs sont retournés dans la province de Ghazni d'Afghanistan.

Culture

Beaucoup de monuments historiques du pays ont été endommagés dans les guerres récentes et d'autres détruits comme les deux célèbres statues de Bouddha dans la province de Bâmiyân en 2001.

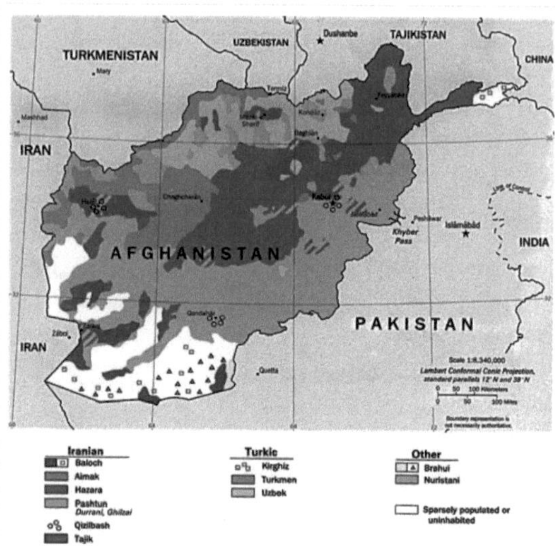

Groupes ethnolinguistiques de l'Afghanistan (CIA, 1997).

Éducation

Au printemps 2003, on estimait que 30 % des 7000 écoles d'Afghanistan avaient été sérieusement endommagées pendant la vingtaine d'années de l'occupation soviétique et de la guerre civile. Seulement la moitié des écoles ont indiqué avoir de l'eau potable, tandis qu'un peu moins de 40 % estimait avoir un état sanitaire adéquat. L'éducation pour les garçons ne fut pas une priorité pendant le régime des Talibans, tandis que les filles en furent complètement bannies.

Les Afghanes portant un voile grillagé de toile obéissent à la tradition islamique la plus sévère. Elles doivent dissimuler tous leurs « appâts tentateurs », qu'elles soient sunnites comme les Pachtounes et les Tadjiks ou chiites comme les Hazaras. Sous les défunts régimes communistes, certaines osaient montrer leur visage.

En regard de la pauvreté et de la violence de leur environnement, une étude de 2002 par le groupe d'aide *Save the Children* indique que les enfants afghans s'adaptent. L'étude donne du crédit aux institutions fortes de la famille et de la communauté.

Plus de quatre millions d'enfants afghans, sans doute le nombre maximal, sont reconnus avoir été scolarisés pour l'année scolaire qui a débuté en mars 2003. L'éducation est maintenant disponible pour les garçons et pour les filles.

Le niveau d'alphabétisation de la population est estimé à 43,1 % pour les hommes et 12,6 % pour les femmes[32]. En Afghanistan, beaucoup de filles ne reçoivent aucune instruction. Même celles qui vont à l'école n'y restent en général pas plus de quatre ans. Dans certaines familles sans descendant mâle, les parents font passer leur fillette pour un fils. Histoire de sauver les apparences (les familles sans garçon sont regardées avec mépris et pitié) mais surtout de lui assurer une éducation. Il n'y a pas de statistiques sur ce phénomène. Une seule certitude : il touche toutes les régions du pays et toutes les classes sociales.

Fêtes et jours fériés

Date	Nom français	Nom local	Remarques
21 mars	Norouz	Naw-Rouz نوروز (en persan)	

Statistiques

Capitale : Kaboul[32]

Population : 29835392 habitants (en 2011). 0-14 ans : 42,3 % ; 15-64 ans : 55,3 % ; + 65 ans: 2,4 %[32]

Superficie : 652230 km²[32]

Densité : 38 hab./km²

Frontières terrestres : 5,529 km (Pakistan 2,430 km ; Tadjikistan 1,206 km ; Iran 936 km ; Turkménistan 744 km ; Ouzbékistan 137 km ; Chine 76 km)[32]

Littoral : 0 km[32]

Indicateur de développement humain (IDH) : 0.247

Extrémités d'altitude : de +258 m à +7485 m[32]

Espérance de vie des hommes : 44,79 ans (en 2011)[32]

Espérance de vie des femmes : 45,25 ans (en 2011)[32]

Taux de croissance de la pop. : +2,375 % (en 2011)[32]

Taux de natalité : 37.83 ‰ (en 2011)[32]

Taux de mortalité : 17.39 ‰ (en 2011)[32]

Taux de mortalité infantile : 149.2 ‰ (en 2011)[32]

Taux de fécondité : 5,39 enfants/femme (en 2011)[32]

Taux de migration : 3.31 ‰ (en 2011)[32]

Création du pays : Octobre 1747

Reconnaissance internationale : 1880

Lignes de téléphone : 129300 (en 2009)[32]

Téléphones portables : 600000 (en 2004)

Postes de radio : 167000 (en 1999)

Postes de télévision : 100000 (en 1999)

Utilisateurs d'Internet : 1000000 (en 2009)[32]

Nombre de fournisseurs d'accès : 46 (en 2010)[32]

Routes: 42,150 km (dont 12,350 km goudronnés) (en 2006)[32]

Voies ferrées : 24.6 km

Voies navigables : 1,200 km (en 2008)[32]

Nombre d'aéroports : 53 (dont 19 avec des pistes goudronnées) (en 2010)[32]

Afghans célèbres[33]

Penseurs, savants et écrivains

- Abou Hanîfa : Juriste, Imam et un grand savant musulman (de l'ethnie tadjik), ce grand spécialiste de l'islam est à l'origine de l'école juridique musulmane dite Hanafite. Il est communément admis que le père de Abou Hanifa, Thabit bin Zuta, fut un commerçant originaire de Kaboul qui s'est installé à Koufa en Irak peu avant la naissance d'Abou Hanifa que les musulmans connaissent aussi sous le nom respectueux d'Al-Imam al 'Azam (le grand Imam).
- Al-Farabi : (de l'ethnie tadjik) Né à Faryab, cet imminent philosophe musulman fut un commentateur émérite des sages de la Grèce antique, il a par ailleurs approfondi toutes les sciences et tous les arts de son temps et fut appelé le « Second instituteur de l'intelligence ». Le premier instituteur étant le grec Aristote.
- Jamal-al-Din Afghani : (de l'ethnie pashtoune), écrivain et penseur, a vécu en Égypte, en Turquie et en France où il a pu échanger quelques lettres avec Ernest Renan. Les Iraniens réfutent l'idée qu'il soit afghan mais des doutes sérieux subsistent sur ses prétendues origines iraniennes.
- Mahmoud Tarzi (1863-1933), penseur nationaliste, écrivain et poète, fondateur du premier périodique d'Afghanistan "Seraj-ul-Akhbar" en 1911 et par la suite Ministre des Affaires étrangères et Ministre d'Afghanistan à Paris.
- Atiq Rahimi : cinéaste, romancier et photographe franco-afghan, lauréat du Prix Goncourt 2008
- Khaled Hosseini : médecin et romancier américain d'origine afghane, auteur du célèbre *Les Cerfs-volants de Kaboul*

Chefs d'États, chefs militaires et administrateurs

- Barmécides (VIIIe siècle) - La famille des barmécides est une grande famille de noblesse musulmane originaire de Balkh, en Afghanistan. Faisant partie de l'élite politique et administrative du califat abbasside, la famille des barmécides a offerte de grand vizirs à plusieurs califes qui ont marqué non seulement l'histoire arabo-musulmane, mais sans doute l'histoire mondiale comme Haroun ar-Rachid ou encore le calife Al-Mansour. Les 1001 nuits évoquent cette famille dans une de ses nombreuses histoires.
- Sher Shah Suri (1486 - 1545) - chef militaire et administrateur, suzerain de l'Inde du Nord, son tombeau à Sasaram, en Inde, est classé au patrimoine mondial de l'humanité et qualifié par les indiens de second Taj Mahal.
- Mirwais Khan Hotak (1673 - 1715) - chef des tribus Ghilzaï, se rebella contre le pouvoir perse du XVIIIe siècle, prit et mit à sac à plusieurs reprises Ispahan, il apparaît notamment dans les célèbres Lettres persanes de Montesquieu sous les traits d'un sanguinaire chef afghan.
- Ahmad Shah Durrani, empereur-fondateur d'Afghanistan de 1747 à 1773
- Mohammad Zaher Chah Mohamadzai Durrani (règne de 1933 à 1973) - dernier chah d'Afghanistan
- Mohammed Daoud Khan, premier ministre de 1953 à 1963 et puis président-fondateur de la République d'Afghanistan de 1973 à 1978
- Commandant Massoud (actif des années 1980 jusqu'en 2001) - chef militaire de l'ethnie tadjike, célèbre pour ses faits d'armes en Afghanistan sous l'occupation soviétique et le régime taliban. Le commandant Massoud fut assassiné le 9 septembre 2001, deux jours avant les attentats du 11 septembre à New York, par deux faux journalistes.
- Commandant Amin Wardak (années 1980 - actif jusqu'en 1995, où il s'exile en France) - ce chef militaire pachtoune au tempérament trempé est originaire de la province de Wardak. Grand commandant de la résistance, il a été parmi les plus audacieux et courageux combattants durant la guerre contre l'occupation soviétique en Afghanistan.
- Commandant Abdul Haq **(en)** - cet autre chef militaire pachtoune fut célèbre pour ses qualités de guerrier et de négociateur, il participa à l'opération internationale pour renverser le régime taliban et fut assassiné lors d'une embuscade tendu par les talibans et leurs alliés, l'ISI pakistanais.

- Gulbuddin Hekmatyar (né en 1947) - chef militaire ayant combattu les soviétiques, allié des Talibans et combattant islamiste.
- Mohammad Omar (né en 1959) - chef des talibans d'Afghanistan, et *de facto* chef d'État de 1996 à 2001
- Hamid Karzai, président intérimaire et puis président de la République islamique d'Afghanistan depuis 2002
- Zalmay Khalilzad (né en 1951) - homme politique américain d'origine afghane, conseiller du président George W. Bush, 31e ambassadeur des États-Unis auprès des Nations unies.

Musiciens

- Ustād Mohammad Hussain Sarāhang - chanteur classique (khayal, thumri, tarana, raag), dans les années 1980 il a reçu le très prestigieux titre de Sartag-é musiqi (couronne de la musique), en Inde, où il fut immensément célèbre et révéré.

Visiteurs

- Joseph Kessel (1950-56)
- Ella Maillart (1937)
- Annemarie Schwarzenbach (1937)
- Jacques Dupont
- Pierre Schoendoerffer
- Etc.

Codes

L'Afghanistan a pour codes :

- AF, selon la norme ISO 3166-1 (liste des codes pays), code alpha-2,
- AF, selon la liste des codes pays utilisés par l'OTAN, code alpha-2,
- AFG, selon la norme ISO 3166-1, code alpha-3 (liste des codes pays),
- AFG, selon la liste des codes pays du CIO,
- AFG, selon la liste des codes internationaux des plaques minéralogiques
- AFG, selon la liste des codes pays utilisés par l'OTAN, code alpha-3,
- OA, selon la liste des préfixes des codes OACI des aéroports,
- YA, selon la liste des préfixes OACI d'immatriculation des aéronefs,

Notes et références

[1] Central Intelligence Agency, *The World Factbook*, 2011

[2] Jacques Frémeaux, Les empires coloniaux dans le processus de mondialisation, Maisonneuve & Larose, 389 p. ([[Spécial:Ouvrages de référence/2-7068-1610-4|ISBN 2-7068-1610-4 (http://books.google.fr/books?id=xH6Qux_K3P4C&pg=PA75&dq="lors+mÃªme+qu'ils+relÃ¨vent+du+Foreign+Office+(Afghanistan,+NÃ©pal,+Tibet,+mais+aussi+Perse+et+Arabie+Saoudite)."&lr=lang_fr&as_brr=3&as_pt=ALLTYPES&ei=oGv9SZe3FIWKygSqrLWlBQ)]), p. 75]

[3] Zalmaï Haquani, Sébastien Brabant, Marc Hecker, Paul Presset, Denis Rolland, Roland Barraux, Une vie d'Afghanistan : entretiens avec Sébastien Brabant, Marc Hecker, Paul Presset, L'Harmattan, 2006, 262 p. ([[Spécial:Ouvrages de référence/2-296-00717-1|ISBN 2-296-00717-1 (http://books.google.fr/books?id=daS8xMiyN1YC&pg=PA206&dq="Donnees+statistiques+sur+l'afghanistan"+"FÃªte+nationale+:+19+aoÃ»t+(fÃªte+de+l'indÃ©pendance+de+1919)"&lr=&as_brr=3&as_pt=ALLTYPES&ei=13D9Sf-ZJYPlyASjosT9AQ)]), p. 206]

[4] **(en)** CIA - The World Factbook section gouvernement (https://www.cia.gov/library/publications/the-world-factbook/geos/af.html#Govt)

[5] Pierre-Arnaud Chouvy, Les territoires de l'opium: conflits et trafics du Triangle d'Or et du Croissant d'Or (Birmanie, Laos, Thaïlande et Afghanistan, Iran, Pakistan), Éditions Olizane, 2002, 539 p. (ISBN 2-88086-283-3) , p. 385

[6] Antoine Fleury, *La pénétration allemande au Moyen-Orient, 1919-1939* , éd. Brill, 1977, p. 279 note 1 (http://books.google.be/books?id=EyCyPIbgE_wC&pg=PA279#PPA279,M1)

[7] À la suite du traité de Gandamak, ce « quasi-protectorat » ne sera pas reconnu par la communauté internationale mais la politique étrangère est prise en charge par la Couronne britannique qui installe un *résident* représentant le vice-roi des Indes à Kaboul ; cf. Antoine Fleury, *La pénétration allemande au Moyen-Orient, 1919-1939* , éd. Brill, 1977, p. 279 note 1 (http://books.google.be/books?id=EyCyPIbgE_wC&pg=PA279#PPA279,M1)

[8] Sophie Chautard, La géopolitique du XXe siècle et du nouvel ordre mondial, Studyrama, 2005, 298 p. (ISBN 2-84472-547-3) , p. 216

[9] p.280 § 2 : "Des trois pays islamiques ... maintien de l'ordre en Inde. cf. books.google.be (http://books.google.be/books?id=EyCyPIbgE_wC&pg=PA279#v=onepage&q=&f=false)

[10] S'inspirant à la fois du système américain et français, la constitution afghane accorde d'importants pouvoirs au Président de la République. Par exemple, comme la constitution française, la constitution afghane accorde au Président le droit de dissoudre la chambre basse du parlement bicaméral. En revanche tout comme la constitution américaine, la constitution afghane ne fait partager les prérogatives et les pouvoirs du Président avec aucune autre personnalité (exécutif monocéphal, absence de la fonction du premier ministre). http://www.afghan-web.com/politics/current_constitution.html#chapterthree

[11] Bernard Dupaigne, Gilles Rossignol, *Guide de l'Afghanistan*, Édition la manufacture.

[12] **(en)** « *The Battle of Kabul and the retreat to Gandamak* » (http://britishbattles.com/first-afghan-war/kabul-gandamak.htm)

[13] in *Le Grand Jeu, op. cit.*, p. 162

[14] *L'Ombre des Talibans*, Ahmed Rashid

[15] « L'OTAN réunie à Bruxelles pour assurer le succès de sa mission en Afghanistan », *Le Monde*, 8 juin 2006

[16] « Des dizaines de civils afghans tués dans un raid aérien de l'OTAN », *Le Monde*, 26 octobre 2006,

[17] « La France fait du bon travail en Afghanistan », entretien avec Hamid Karzai, *Paris-Match*, 15 mai 2007, p. 61

[18] {{subst:Lien/Conversion automatique}}

[19] news.bbc.co.uk (http://news.bbc.co.uk/2/hi/south_asia/3977677.stm)

[20] Afghanistan - Afghanistan Reconstruction Trust Fund (http://web.worldbank.org/WBSITE/EXTERNAL/COUNTRIES/SOUTHASIAEXT/AFGHANISTANEXTN/0,,contentMDK:20152008~pagePK:141137~piPK:217854~theSitePK:305985,00.html)

[21] Afghanistan: une société chinoise va exploiter une mine de cuivre : Aujourd'hui la Chine (http://www.aujourdhuilachine.com/informations-chine-afghanistan-une-societe-chinoise-va-exploiter-une-mine-de-cuivre-7395.asp?1=1)

[22] National Geographic France. Numéro de févier 2011

[23] Alexandre Burnes, *Travels into Bokhara and a voyage to the Indus*, 1831, Historical Reprints, Oxford, university press, t. I, p. 155

[24] *taliban* est le pluriel de *taleb*, il n'est donc pas besoin de mettre un « s » à la fin de taliban au pluriel.

[25] http://afghanistan.cr.usgs.gov/oil.php, USGC (United States Geological Survey)

[26] National Geographic France. Numéro de février 2011

[27] unodc.org (http://www.unodc.org/unodc/en/crop-monitoring/previous-surveys.html) rapport 2001 (pages 18-20) du Programme des Nations unies pour le contrôle international des drogues (PNUCID) sur la production d'opium en Afghanistan

[28] http://www.lemonde.fr/web/article/0,1-0@2-3216,36-948156@51-948158,0.html

[29] Crop monitoring, previous surveys (http://www.unodc.org/unodc/en/crop-monitoring/previous-surveys.html)

[30] Crop monitoring (http://www.unodc.org/unodc/en/crop-monitoring/index.html)

[31] **(en)** Whitepages.af, opérateurs Telecom en Afghanistan (http://www.whitepages.af/phone-companies.html)

[32] **(en)** *The World Factbook, CIA* (https://www.cia.gov/library/publications/the-world-factbook/geos/af.html)

[33] Il s'agit de personnes nées sur le territoire de l'Afghanistan moderne, de personnes ayant eu la nationalité afghane ou de personnes ayant toujours leur nationalité afghane

Voir aussi

Bibliographie

- Pierre Centlivres , 'The Controversy over the Buddhas of Bamiyan', *South Asia Multidisciplinary Academic Journal*, 2 | 2008 The Controversy over the Buddhas of Bamiyan (http://samaj.revues.org/index992.html)
- Gilles Dorronsoro, *La Révolution Afghane. Des communistes aux Taleban*, Karthala, 2000.
- Gilles Dorronsoro 'Kabul at War (1992-1996) : State, Ethnicity and Social Classes ', *South Asia Multidisciplinary Academic Journal* Kabul at War (1992-1996) : State, Ethnicity and Social Classes (http://samaj.revues.org/index212.html)
- *Le Grand Jeu, les enjeux géopolitiques de l'Asie centrale*, sous la direction de Jacques Sapir et Jacques Piatigorsky, Éditions Autrement, Paris, 2009.
- Michael Barry, *Le Royaume de l'insolence : L'Afghanistan, 1504-2001*, Flammarion, 2002.
- Massoud l'esthète et l'architecte Ashmat Froz. Transbordeurwww.darah-afghanistan.net
- Jacques Lévesque, *L'URSS en Afghanistan, 1979-1989 : de l'invasion au retrait*, Bruxelles, Complexe, 1990.
- Olivier Weber, *Le faucon afghan : un voyage au pays des talibans*, Robert Laffont, 2001.

- Olivier Weber*Le grand festin de l'Orient*, Robert Laffont, 2004.
- Olivier Weber *Sur les routes de la soie*, avec Reza, Hoëbeke, 2007.
- Jack Chaboud, *Sous les sables d'Afghanistan*, Le Jasmin, 2004.
- Khaled Hosseini, *Les cerfs volants de Kaboul*, Belfond. 2000.
- Khaled Hosseini, *Mille soleils splendides*, Belfond, 2001.
- Atiq Rahimi, *La pierre de patience*, POL, 2009.

Articles connexes

- Ahmed Zia Massoud
- Commandant Massoud
- Hekmatyar
- Guerre d'Afghanistan (1979)
- Guerre d'Afghanistan (2001)
- Liste des dirigeants des provinces d'Afghanistan

Liens externes

- Catégorie Afghanistan (http://www.dmoz.org/World/FranÃ§ais/RÃ©gional/Asie/Afghanistan/) de l'annuaire dmoz
- OperationsPaix.net (http://www.operationspaix.net/-FIAS-) Chronologie et documents à jour sur l'opération de paix en cours, la Force internationale d'assistance à la sécurité (FIAS), en Afghanistan, du Réseau francophone de recherche sur les opérations de paix
- Données démographiques (http://www.populationdata.net/pays/asie/afghanistan.php)
- Le CICR en Afghanistan (http://www.icrc.org/Web/fre/sitefre0.nsf/htmlall/afghanistan)
- 2rima.fr/unité (http://www.2rima.fr/unité)

Seistan-o-Balouchestan

Coordonnées géographiques: 29° 29′ 33″ N 60° 52′ 01″ E

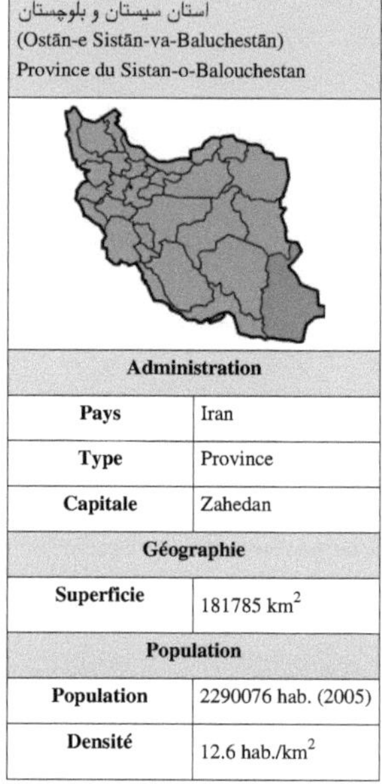

استان سیستان و بلوچستان
(Ostān-e Sistān-va-Baluchestān)
Province du Sistan-o-Balouchestan

Administration	
Pays	Iran
Type	Province
Capitale	Zahedan
Géographie	
Superficie	181785 km^2
Population	
Population	2290076 hab. (2005)
Densité	12.6 hab./km^2

Sistān et Balūchestān (persan : سیستان و بلوچستان) est une des 30 provinces d'Iran. Elle est située au sud-est du pays, à la frontière avec le Pakistan et l'Afghanistan. Sa capitale est Zahedan, et elle a une population de 2,1 millions d'habitants.

La province est la deuxième plus grande province d'Iran, avec une superficie de 181 600 km². Les départements de la province sont : Iran Shahr, Chabahar, Khash, Zabol, Zahedan, Saravan, et Nik Shahr.

Géographie et culture

Gahl'eh Naseri, Iranshahr.

La province est composée de deux parties, le *Sistan* au nord et le *Balouchestan* au sud. Le Sistan et Balouchestan est une des régions les plus sèches d'Iran avec une très légère augmentation des précipitations d'est en ouest, et une augmentation substantielle de l'humidité dans les régions côtières. La province est sujette à des vents saisonniers de directions variées, dont les plus importants sont : le vent durant 120 jours du Sistan connu sous le nom de *Levar*, le *Qousse*, le septième vent (*Gav-kosh* : tueur de vaches), le *Nambi* ou vent du sud, le *Hooshak*, les vents humides et saisonniers de l'Océan Indien, le vent du nord (ou *Gurich*) et le vent d'ouest(*Gard*).

Au sud et à l'ouest du Sistān et Balūchestān, la population est majoritairement Baloutche et parle le Baloutche. Le nom *Balouchestan* signifie en Persan *Terre des Baloutches*. De même, le nom Sistan vient du vieux persan *Sakastan* et signifie *Terre des Saka*.

Les habitants de la province du Sistan-o-balouchestan continuent à suivre leurs propres normes et traditions, et la région a le potentiel pour devenir une des régions touristiques d'Iran. Les deux tribus les plus importantes de la province sont les *Barahuie* et les *Balouches*. Leurs modes de vie, leurs coutumes, leurs traditions et leurs routes tribales forment un contexte culturel extrêmement intéressant.

De nombreux chercheurs, orateurs et personnalités littéraires viennent de cette partie de l'Iran, parmi lesquelles les célèbres Farrokhi Sistani, Ya'qub bin Laith as-Saffar et Rostam. L'ayatollah Ali al-Sistani vient aussi du Sistan, bien qu'il réside actuellement à Najaf, Irak.

Histoire

Sur les épigraphes de Bisotoon et de Persépolis, le Sistan est mentionné comme un des territoires orientaux de Darius Ier. Le nom Sistan, tel que mentionné précédemment, est dérivé de Saka (parfois rencontré sous la forme de **Saga**, **Sagastan** ou **Sakestan**), une des tribus aryennes ayant pris le contrôle dans cette région en 128 av. J.-C., et qui en furent dépossédés par des princes parthes. Depuis l'époque Sassanide jusqu'au début de l'ère islamique, le Sistan a considérablement prospéré.

Ghal'eh Sab, Saravan.

Pendant le règne d'Ardachîr Ier, le Sistan a été sous juridiction Sassanide, et en 644, les Arabes musulmans ont pris le contrôle alors que l'empire Perse était aux derniers moments de sa déliquescence.

Le célèbre Ya'qub bin Laith as-Saffar, dont les descendants ont dominé cette région durant de nombreux siècles, est ensuite devenu gouverneur de la province. Des dynasties comme les Saffarides, les Samanides, les Ghaznévides et les Seldjoukides ont aussi régné sur ce territoire. Mais la région a connu de grandes destructions durant la conquête des Mongols et l'établissement de l'Ilkhanat.

En 1508, Shah Ismaïl Ier a conquis le Sistan, et durant le règne de Nâdir Shâh la région a connu des troubles internes à cause de disputes au sein du pouvoir.

L'ancien nom du Balouchestan était *Moka* et au cours du temps, son nom s'est transformé en *Mokran*, qui était le secteur sud du Balouchestan. Ce territoire a été connu sous les noms de Baluchestan à partir du moment où les tribus Baloutches se sont installées là. D'après les restes découvertes dans les collines du Baluchestan, l'histoire de cette région remonte à 3000 ans av. J.-C.

Durant le second califat de l'Islam, ce territoire a été conquis par les Arabes et un commandant arabe a été nommé gouverneur[1]. En 916, le Balouchestan a été conquis par les Buwayhides puis par les Seldjoukides, moment auquel il est devenu une partie de la Province de Kerman.

Sistan et Baluchestan aujourd'hui

La province est aujourd'hui l'une des moins développées, des plus désolées et des plus pauvres d'Iran. Elle est un point de passage pour le trafic de l'opium venant d'Afghanistan. Le gouvernement d'Iran a essayé de renverser la situation en créant de nouveaux plans de développement comme l'implantation de la zone franche de Chabahar. Des négociations sont aussi en cours pour construire une usine d'assemblage d'automobiles dans la région.

Le littoral sud le long de la mer d'Arabie.

Sa capitale a été le site d'un attentat-suicide le 18 octobre 2009, visant les Gardiens de la révolution et revendiqué par le groupe radical sunnite Joundallah.

Universités

1. Université de Sistan-o-Baluchestan [2]
2. Université de Zabol [3]
3. Université Islamique libre d'Iranshahr
4. Université Islamique libre de Zahedan [4]
5. Université de sciences médicales de Zahedan [5]
6. Université de sciences médicales de Zabol
7. Université internationale de Chabahar [6]

Notes et références

[1] La conquête du Mokrân a eu lieu vers 644, à la fin du règne du calife Omar ibn al-Khattâb. Celui-ci donne ensuite l'ordre à son général, nommé Abdallah ben Abdallah, de ne pas aller au delà vers l'est. (c.f. Tabari (trad. du persan par Hermann Zotenberg), La Chronique. Histoire des prophètes et des rois, vol. II, Actes Sud / Sindbad, coll. « Thésaurus », 2001 (ISBN 9782742733187), « 'Omar, fils de Khattâb / Conquête de Mokrân », p. 247-248)

[2] http://www.usb.ac.ir

[3] http://www.zabol.ac.ir

[4] http://www.iauzah.ac.ir

[5] http://www.zdmu.ac.ir

[6] http://www.iuc.ac.ir

Annexes

Articles connexes

- Baloutchistan
- Pakistan

Liens externes

- Zone franche de Chabahar, Sistan-o-Baluchistan (http://www.chabaharfz.com/)
- Organisation de l'héritage culturel de la province (http://www.sistanandbalouchestanmiras.ir/)

Convention de Ramsar

La **convention de Ramsar**, officiellement **Convention relative aux zones humides d'importance internationale, particulièrement comme habitats des oiseaux d'eau**, aussi couramment appelée **convention sur les zones humides**, est un traité international adopté le 2 février 1971 pour la conservation et l'utilisation durable des zones humides, qui vise à enrayer leur dégradation ou disparition, aujourd'hui et demain, en reconnaissant leurs fonctions écologiques ainsi que leur valeur économique, culturelle, scientifique et récréative.

Logo de la convention de Ramsar

En France

La France a ratifié la convention en 1986. Elle y est suivie par le MEDDAT, ministère chargé de l'environnement, et devait à partir de 2009 être valorisée par la mise en place de la Trame verte et bleue issue du Grenelle de l'Environnement de 2007. Le nombre de sites est passé de 24 à 36 (12 ajouts dont 4 en outre-mer ce qui a permis d'augmenter la superficie des zones Ramsar françaises de 828 803 hectares à 3 290 578 ha). Certains de ces sites comme l'estuaire du Sinnamary en Guyane (en aval du « Barrage EDF/Petit-Saut » et en aval d'une zone dégradée par l'orpaillage, source de mercure et de forte dégradation du lit majeur) ne sont toutefois pas encore protégés.

Histoire

- L'idée de cette convention a émergé lors de la conférence internationale du programme MAR (pour *Maris, marshes, marismas*) qui s'est réunie aux Saintes-Maries-de-la-mer en 1962, à l'initiative de l'UICN et de deux ONG (Wetlands et Birdlife international) qui sont toutes trois devenues partenaires de l'UNESCO.
- la convention a été adoptée le 2 février 1971 à Ramsar en Iran

La convention

Le titre officiel est *Convention relative aux zones humides d'importance internationale particulièrement comme habitats des oiseaux d'eau*.

La convention a été élaborée et adoptée par les nations participantes lors d'une réunion à Ramsar, Iran le 2 février 1971. Elle est entrée en vigueur le 21 décembre 1975.

Elle engage les signataires à

- tenir compte de la conservation des zones humides dans leurs plans d'aménagement, et de veiller à une utilisation « rationnelle » des zones humides ;
- inscrire des sites sur la liste Ramsar et promouvoir leur conservation ;
- préserver les zones humides inscrites ou non dans la liste Ramsar, soutenir la recherche, la formation, la gestion et la surveillance dans le domaine des zones humides ;
- coopérer avec les autres pays, notamment pour préserver ou restaurer les zones humides transfrontalières.

La liste des zones humides d'importance internationale contient, début 2009, 1828 sites (dont 931 en Europe, soit 51 % du total en nombre et 14 % de la surface totale), représentant une surface de plus de 1,6 million de km^2, alors qu'en 2000, il n'y en avait que 1021. Le pays comprenant le plus de sites est le Royaume-Uni avec 169, tandis que le pays ayant la plus grande surface de zones humides listées est le Canada avec plus de 130000 km^2, dont le Golfe Queen Maud avec 62800 km^2.

159 pays (sur 192 dans le monde) ont actuellement (en 2009) signé cette convention, contre 119 en 2000[1]. Ils étaient 18 en 1971. Les pays signataires se rencontrent tous les trois ans lors d'une conférence, la première ayant eu lieu à Cagliari (Italie) en 1980 et la dernière conférence des paries ayant eu lieu en 2009 en Corée. Les pays signataires n'ont néanmoins pas doté la convention de moyens propres et la dernière conférence des parties n'a pas trouvé de consensus pour l'intégrer au sein de l'ONU (pour des raisons d'économies financières).
Des avenants à la convention initiale ont été adoptés à Paris en 1982 et à Regina en 1987.

Les parties se réunissent tous les 3 ans et votent des résolutions et recommandations et, chaque année, un Comité permanent composé de représentants des 6 « *régions Ramsar* » se réunit pour gérer la convention et prendre les décisions courantes. Ce Comité et la Convention s'appuient sur un secrétariat, un organe subsidiaire jouant le rôle d'un conseil scientifique (« *Groupe d'évaluation scientifique et technique* » ou GEST) et sur des organisations internationales ONG partenaires.

Chaque année, en commémoration de la signature de la convention, les Journées mondiales des zones humides sont organisées par différentes associations, collectivités ou organismes d'état pour sensibiliser le grand public à ces milieux.

Le siège de cette convention se trouve à Gland (Suisse), avec celui de l'Union mondiale pour la nature (UICN).

État des lieux

La conclusion de la 10ème et dernière conférence des parties est que les pressions sur les zones humides, y compris protégées, n'ont pas diminué et que ces zones sont de plus en plus réduites et écologiquement isolées ou fragmentées. Si les zones protégées ont augmenté, le bassin versant aval qui les alimente ne l'est généralement pas. La convention a produit une boîte à outils pour aider les décideurs dans ces cas précis, mais elle est peu utilisée. Les gestionnaires des sites ont encore des difficultés à trouver des appuis auprès de leurs collègues chargés de l'énergie et des transports, de la gestion de l'eau ou de l'agriculture alors même que ces secteurs ont un fort impact sur les zones humides. Ramsar contribue avec la convention de l'eau de la commission économique pour l'Europe des Nations Unies au programme « *Protégeons la nature pour améliorer les ressources en eau* ».

Liste des parties contractantes (non nécessairement à jour)

L'Afrique du Sud, l'Albanie, l'Algérie, l'Allemagne, l'Argentine, l'Arménie, l'Australie, l'Autriche, l'Azerbaïdjan, les Bahamas, Bahreïn, le Bangladesh, la Biélorussie, la Belgique, le Belize, le Bénin, la Bolivie, la Bosnie-Herzégovine, le Botswana, le Brésil, la Bulgarie, le Burkina Faso, le Burundi, le Cambodge, le Canada, le Chili, la Chine, Chypre, la Colombie, les Comores, la République démocratique du Congo, le Congo, la Corée du Sud, le Costa Rica, la Côte d'Ivoire, la Croatie, Cuba, le Danemark, Djibouti, la République dominicaine, l'Égypte, le Salvador, l'Équateur, l'Espagne, l'Estonie, les États-Unis, la Finlande, la France, le Gabon, la Gambie, la Géorgie, le Ghana, la Grèce, le Guatemala, la Guinée-Bissau, la Guinée, la Guinée équatoriale, le Honduras, la Hongrie, l'Inde, l'Indonésie, l'Iran, l'Irlande, l'Islande, Israël, l'Italie, la Jamaïque, le Japon, la Jordanie, le Kenya, le Kirghizstan, la Lettonie, le Liban, le Libéria, la Libye, le Liechtenstein, la Lituanie, le Luxembourg, la République de Macédoine, Madagascar, la Malaisie, le Malawi, le Mali, Malte, le Maroc, Maurice, la Mauritanie, le Mexique, la Moldavie, Monaco, la Mongolie, la Namibie, le Népal, le Nicaragua, le Niger, le Nigeria, la Norvège, la Nouvelle-Zélande, l'Ouganda, l'Ouzbékistan, le Pakistan, le Panama, la Papouasie-Nouvelle-Guinée, le Paraguay, les Pays-Bas, le Pérou, les Philippines, la Pologne, le Portugal, la Roumanie, le Royaume-Uni, la Russie, Sainte-Lucie, le Sénégal, la Serbie-et-Monténégro, la Sierra Leone, la Slovaquie, la Slovénie, le Sri Lanka, la Suède, la Suisse, le Suriname, la Syrie, le Tadjikistan, la Tanzanie, le Tchad, la République tchèque, la Thaïlande, le Togo, la Trinité-et-Tobago, la Tunisie, la Turquie, l'Ukraine, l'Uruguay, le Venezuela, le Viêt Nam, la Zambie, l'ex-URSS

Voir aussi

Articles connexes

- Liste des zones humides d'importance internationale de la Convention de Ramsar
- Convention internationale
- Zones humides
- réseau écologique
- **(fr)** Pôle-relais zones humides littorales - Forum des Marais Atlantiques [2]
- **(fr)** Cartographie interactive des zones humides [3]
- **(fr)** Ma zone humide [4]
- **(fr)** Données cartographiques sur les zones humides [5]

Bibliographie

- Bibliographie Ramsar [6]

Liens externes

- Site officiel de la Convention de Ramsar [7] et *manuels* [8] édités par la Convention)
- Forum des Marais Atlantiques Pôle relais en faveur des zones humides littorales Manche Atlantique et Mer du Nord [9]
- Bibliothèque pour l'utilisation rationnelle des zones humides [10]

Notes et références

[1] Ramsar site, « The Ramsar Convention on Wetlands (http://www.ramsar.org/indexfr.htm) ». Consulté le 24 mai 2009
[2] http://www.forum-marais-atl.com
[3] http://www.sig.forum-marais-atl.com/RPDZH.php
[4] http://www.mazonehumide.org
[5] http://www.geosource.forum-marais-atl.com/geonetwork/srv/fr/main.home
[6] http://www.ramsar.org/index_lib.htm
[7] http://www.ramsar.org/
[8] http://www.ramsar.org/cda/fr/ramsar-pubs-handbooks/main/ramsar/1-30-33_4000_1__
[9] http://www.forum-marais-atl.com/index.html
[10] http://www.ramsar.org/cda/fr/ramsar-documents-wurl/main/ramsar/1-31-116_4000_1__

Hindou Kouch

Coordonnées géographiques: 36° 30′ N 71° 00′ E

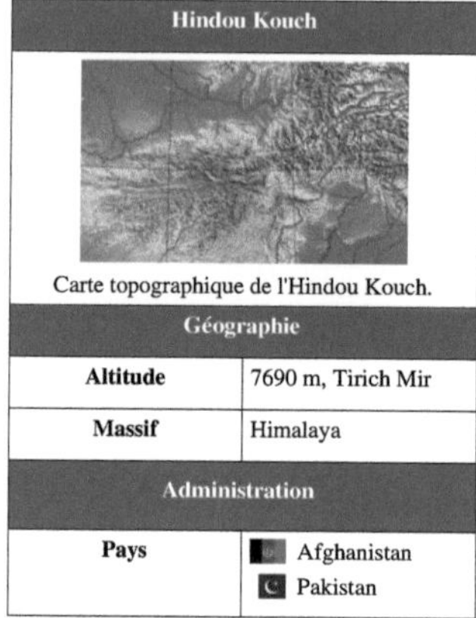

Hindou Kouch	
Carte topographique de l'Hindou Kouch.	
Géographie	
Altitude	7690 m, Tirich Mir
Massif	Himalaya
Administration	
Pays	Afghanistan Pakistan

L'**Hindu Kush** ou **Hindou Kouch** (persan : هندوکش, hindi : हिन्दू कुश) est une chaîne de hautes montagnes en Afghanistan et au Pakistan.

Étymologie

Le nom signifierait « qui arrête les Hindous », c'est-à-dire la chaîne de montagnes qui borde l'Inde. Une autre interprétation avancée serait « qui tue les Hindous »[réf. souhaitée].

Géographie

Situation

L'Hindou Kouch est une chaîne de hautes montagnes. Quoique centrée sur l'Afghanistan, elle déborde, à l'est, sur le Pakistan. Traversée par l'antique Route de la soie, son plus haut sommet est le Tirich Mir (7690 mètres d'altitude).

En fait l'Hindou Kouch fait partie avec les Himalayas d'un ensemble montagneux plus vaste encore que l'on désigne par Aire Hindu Kush-Himalaya [1] (HKH), laquelle comprend outre les chaînes de l'Hindou-Koush et du Pamir, celles du Karakoram qui prolonge la chaîne himalayenne à l'ouest.

Ce vaste ensemble chevauche huit pays et abrite plus de 140 millions de personnes.

Géologie

D'après la théorie de la tectonique des plaques, l'aire Hindou-Kouch-Himalaya est le résultat de la collision des plaques indo-australienne et eurasienne. Cette collision a commencé au crétacé supérieur (il y a environ 70 millions d'années), la plaque indo-australienne, qui se dirigeait vers le nord à la vitesse de 15 centimètres par année, ayant heurté la plaque eurasienne. L'océan Téthys, qui les séparait, a totalement disparu il y a environ 50 millions d'années. La plaque indo-australienne continue à se déplacer à la vitesse constante d'environ 5 centimètres par année, s'enfonçant sous la plaque eurasienne et provoquant ainsi l'élévation de l'HKH et de ses hauts-plateaux septentrionaux en Afghanistan, Iran, Tibet, etc.

L'Inde se comporte ainsi comme un poinçon qui emboutit et qui déforme la lithosphère asiatique sur plus de 3000 kilomètres au nord de l'HKH.

Si les hauts-plateaux sont coupés par de grandes failles qui absorbent, en partie, cette déformation, cette intense activité tectonique ne va pas sans rendre la région très active du point de vue sismique. D'ailleurs, des séismes historiques de magnitude 8 et plus sont documentés sur les fronts sud et nord de l'HKH, donc par exemple tant en Inde qu'en Iran ou Afghanistan.

Histoire

Les Grecs et les Macédoniens lui donnaient le nom de « Paraponisades » qui comprenaient les antiques régions de Bactriane, région située entre les montagnes de l'Hindou-Koush et la rivière Amou-Daria, et de Sogdiane.

Elles furent franchies par Alexandre le Grand au printemps de l'année 329 av. J.-C. à la poursuite de l'assassin de Darius III, le satrape Bessos, puis de nouveau en 327 av. J.-C. lorsqu'il se dirigea vers la vallée de l'Indus.

Ibn Batoutah, qui traverse la région vers 1333, signale qu'« il y a au milieu de la route une montagne nommée Hindou-Kouch, c'est-à-dire qui tue les Hindous, parce que beaucoup d'entre les esclaves mâles et femelles que l'on emmène de l'Inde meurent dans cette montagne à cause de la violence du froid et de la quantité de la neige »[2].

Notes

[1] http://www.icimod.org/archive/icimod/hkh/topography.htm

[2] *Voyages d'Ibn Batoutah*, traduction par M. Defrémery, Paris, Thunot, 1848, vol. I, p. 156

Khach (rivière)

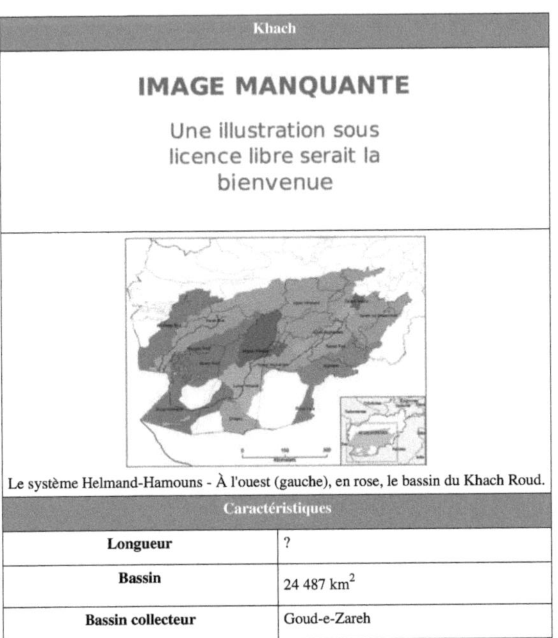

Khach	
IMAGE MANQUANTE Une illustration sous licence libre serait la bienvenue	
Le système Helmand-Hamouns - À l'ouest (gauche), en rose, le bassin du Khach Roud.	
Caractéristiques	
Longueur	?
Bassin	24 487 km^2
Bassin collecteur	Goud-e-Zareh

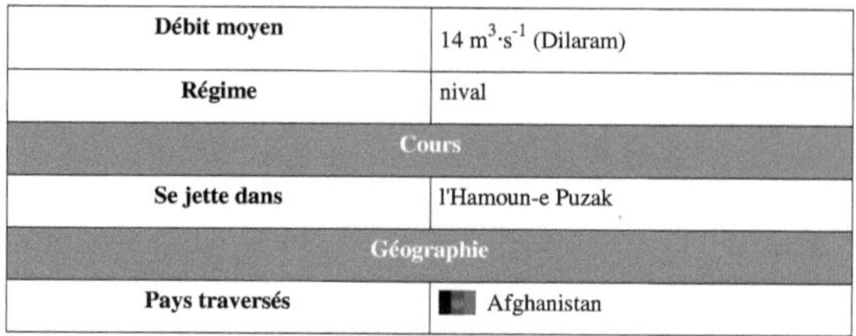

Débit moyen	14 $m^3 \cdot s^{-1}$ (Dilaram)
Régime	nival
Cours	
Se jette dans	l'Hamoun-e Puzak
Géographie	
Pays traversés	Afghanistan

Le **Khach** ou **Khach Roud** est une rivière d' Afghanistan qui coule dans les provinces de Farâh et de Nimrôz. Comme l'Helmand, il contribue à alimenter la chaîne des hamouns du Sistan; il se jette en effet dans l'Hamoun-e Puzak.

Géographie

Le Khach naît à 25 kilomètres au sud de Taywara, dans l'extrême nord-est de la province de Farâh. Peu après sa naissance, il adopte la direction du sud-ouest, direction commune aux grandes rivières du sud-ouest de l'Afghanistan et qu'il ne quittera plus malgré de très nombreux petits méandres, jusqu'au terme de son parcours. Il fait un bref passage dans la partie occidentale de la province d' Helmand et pénètre bientôt dans la province de Nimrôz par son extrémité nord-est. Là il aborde la grande plaine du Sistan et débute son cours inférieur. Il passe par Dilaram, puis traverse les zones semi-désertiques de cette province. Il coule près de la localité de Lokhi, qu'il évite par le sud-est, et se jette dans l'Hamoun-e Puzak au niveau de la ville de Chakhansur.

Dans son cours inférieur (districts de Khach Roud et de Chakhansur de la province de Nimrôz), ses eaux sont peu utilisées pour l'irrigation, sauf dans la zone de la ville de Chakhansur.

Hydrologie et débit

Le débit du Khach a été observé de 1952 à fin 1978 à Dilaram, localité située là où la grand route Kandahar-Hérat enjambe la rivière (à 200 kilomètres au nord-est de Zarandj, chef-lieu de la province de Nimrôz. Après 1978, la désorganisation due aux guerres n'a plus permis de continuer les observations (ref : [1]).

Mesures mensuelles moyennes

Les mesures suivantes ont été faites à Dilaram, dernière localité avant le désert, entre 1953 et 1965 (ref : [2]).

Débit mensuels moyens en millions de m^3	
Période	**Volume**
octobre	1
novembre	7
décembre	12
janvier	18
février	44
mars	144
avril	157
mai	49
juin	12

juillet	4
août	2
septembre	1
Total annuel	**450**

Le débit annuel moyen de la période considérée est de 450 millions de mètres cubes. Ce qui porte le débit interannuel moyen ou module à 14,27 m³ par seconde.

Irrégularité saisonnière

La courbe saisonnière du débit est typique des cours d'eau de montagne de l'Afghanistan occidental à régime surtout nival. Il en ressort que le Khach est une rivière extrêmement irrégulière, tant au fil des saisons, que suivant les années. Cependant, la rivière tombe rarement à sec plus d'une courte période, et fournit généralement un débit appréciable chaque printemps.

La période des hautes eaux se déroule en fin d'hiver et au début du printemps. Le débit atteint 70 à 80 m³ par seconde en moyenne durant la première quinzaine de mars. Son volume maximal est observé fin mars-début avril et correspond à la fonte des neiges. Cette courte période de (forte) crue est rapidement suivie d'une chute régulière du débit qui passe sous la barre des 10 m³ dès début juin. La chute se ralentit dès lors, et le débit atteint son plancher moyen de 0,1 m³ par seconde en fin d'été, c'est-à-dire en août et en septembre, et jusqu'à la mi-octobre. Il est alors presque à sec. Quelques épisodes de crue importants mais brefs ont lieu durant l'été et l'automne et témoignent de l'existence d'orages et d'averses parfois violents. Dès le mois d'octobre, le débit remonte lentement. Il se forme de ce fait une période intermédiaire (avec débit modéré) durant la saison froide, c'est-à-dire de la mi-octobre à fin janvier, période durant laquelle le débit moyen monte lentement, mais assez régulièrement, passant de 0,1 à 20-30 m³ par seconde environ.

Pour l'année 1968, année moyenne, le débit a oscillé entre un plus bas de 0,08 et un plus haut de 300 m³ environ. Ce sommet a été atteint lors de la fonte des neiges au début du mois de mars.

Le débit instantané maximal observé à ce jour est de 1.300 m³ par seconde en 1957.

Villes traversées

- Dilaram
- Chakhansur

Annexes

Notes et références

[1] USGS (National Water Information System) - Courbe du débit du Khach pour l'année 1968 (http://nwis.waterdata.usgs.gov/nwis/dv?cb_99060=on&format=gif_stats&begin_date=1968-01-01&end_date=1968-12-31&site_no=321000063250000&referred_module=sw)

[2] Delft Hydraulics - Integrated Water Resources Management for the Sistan Closed Inland Delta - Annex B : Forecasting the Flow from Afghanistan (http://www.wldelft.nl/cons/area/rbm/wrp1/pdf/annex_b.pdf) **(en)** **[PDF]**

Articles connexes

- L'Helmand
- L'Hamoun-e Puzak
- Le Farah Roud

Liens externes

- Delft Hydraulics - Integrated Water Resources Management for the Sistan Closed Inland Delta, Iran - Annex B : Forecasting the Flow from Afghanistan (http://www.wldelft.nl/cons/area/rbm/wrp1/pdf/annex_b.pdf) **(en)** **[PDF]**
- Carte de la couverture végétale des sols de la province de Nimroz, avec tracé du cours inférieur du Khach (districts de Khach Roud et de Chakhansur) (http://www.aims.org.af/services/sectoral/agriculture/landcover/Nimroz.pdf) **(en)** **[PDF]**

Helmand (rivière)

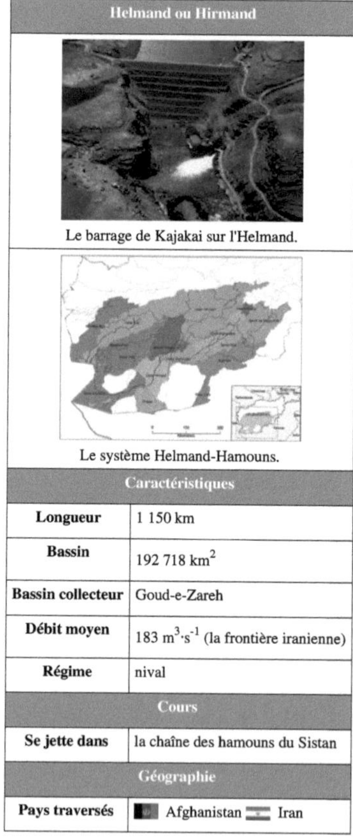

Helmand ou Hirmand

Le barrage de Kajakai sur l'Helmand.

Le système Helmand-Hamouns.

Caractéristiques	
Longueur	1 150 km
Bassin	192 718 km^2
Bassin collecteur	Goud-e-Zareh
Débit moyen	183 m^3·s^{-1} (la frontière iranienne)
Régime	nival
Cours	
Se jette dans	la chaîne des hamouns du Sistan
Géographie	
Pays traversés	Afghanistan Iran

L'**Helmand**, aussi appelé **Helmund**, **Hilmand** ou **Hirmand** (en persan : Hīrmand, هیرمند ; en arabe : Hilmand, هلمند), est une rivière du sud-ouest de l'Afghanistan et de l'est de l'Iran. Elle est longue de 1150 km. C'est une des rivières les plus importantes d'Afghanistan. L'Helmand traverse les provinces afghanes de Wardak, Bamiyan, Orozgân, Helmand et Nimrôz, ainsi que la province iranienne de Sistan-o-Balouchestan.

L'Helmand à Girichk, au début de son cours inférieur dans les plaines du sud-ouest afghan

Géographie

L'Helmand naît à peu de distance à l'ouest de Kaboul, dans les monts du Koh-e-Paghman (province afghane de Wardak). Le cours d'eau adopte rapidement la direction de l'ouest puis du sud-ouest. Il reçoit dans son cours supérieur, en rive droite, de petits affluents abondants bien alimentés par les pluies, neiges et glaciers du versant sud du Koh-i-Baba. Dans son cours moyen, il traverse vers le sud-ouest des régions montagneuses arides et peu peuplées. Dans la province d'Uruzgan il reçoit de gauche la rivière Tirin Roud. Cinquante kilomètres plus loin, son cours est barré par le barrage de Kajakai, construit en 1952 par Morrison-Knudson dans la province d'Helmand, et forme de ce fait un lac de 107 km². Environ 40 km plus au sud-ouest, au confluent d'un abondant tributaire, le Musa Qala venu du nord (rive droite), se trouve la ville de Sangin. Il quitte les montagnes au niveau de la ville de Girichk où il est enjambé par la grand route Kaboul-Hérat.

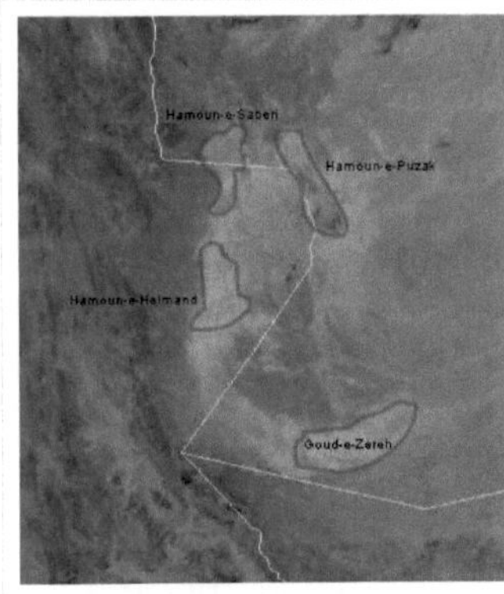

Vue des trois principaux Hamouns du système Helmand-Sistan ainsi que du Goud-e-Zareh (photo prise en 2004, année de grande sècheresse). Les lignes jaunes sont les frontières d'état. Au sud-est : le Pakistan

La rivière se dirige de manière assez rectiligne vers les plaines de sud-ouest de l'Afghanistan, où se déroule son cours inférieur. Là, après avoir reçu en rive gauche, les eaux de l'important Arghandab aux environs de la ville de Lachkar Gah, il s'engage dans les régions désolées du sud-ouest afghan. Son cours sépare le désert du Dasht-e-Margo à droite du désert sableux appelé Registan, à gauche. En fin de parcours, s'approchant de la frontière du Pakistan, la rivière effectue une large boucle vers l'ouest puis le nord, et pénètre ainsi en territoire iranien, où a été formé un important delta.

À la frontière, juste après avoir arrosé le village de Char Bujak, l'Helmand se divise en deux bras principaux. Le premier (à gauche) appelé **Sistan** coule directement en Iran et forme le lac iranien appelé Hamoun-e Helmand. Le second (au nord), le **Parian**, passe par la ville de Zaranj, et forme la frontière irano-afghane sur une vingtaine de kilomètres, ensuite il revient en Afghanistan et se jette dans le lac binational Hamoun-e Puzak. Notons que le Parian reçoit plusieurs petits affluents afghans drainant une surface de quelque 1900 kilomètres carrés.

La totalité des eaux de l'Helmand se répartit finalement dans le système endoréique des lacs (appelés *Hamouns*) du Sistan, à cheval sur le territoire des deux pays, où elles finissent par s'évaporer totalement[1].

Les Hamouns du Sistan

Les Hamouns du Sistan (ou Seistan) sont une série de lacs de faible profondeur situés au centre de la cuvette irano-afghane du Sistan (pays des Sakas). Ces lacs, formant un large demi-cercle à convexité nord-ouest, reçoivent les eaux des rivières Adrachkan (ou Harout), Farah Roud, Khach et Helmand, toutes issues des montagnes de l'Afghanistan, ainsi que de quelques autres petits cours d'eau peu importants. Au centre de ce demi-cercle formé par la chaîne des hamouns se trouve, presque totalement en territoire iranien, le delta de l'Helmand, de loin le plus grand contributeur à l'ensemble.

La chaîne des hamouns est située à cheval sur les deux pays, mais est plus centrée sur le territoire iranien, tandis que les eaux les alimentant proviennent presque exclusivement d'Afghanistan.

Les hamouns sont des étendues d'eau de très faible profondeur (de 1 à 3 mètres en moyenne). Leur niveau est très variable d'après les précipitations enregistrées dans les hautes montagnes afghanes. En période de hautes eaux, ils communiquent entre eux. Le dernier élément de la chaîne, l' Hamoun-e Hirmand, situé en Iran, possède un déversoir commun à l'ensemble : la rivière Chile qui coule vers le sud. En cas de hautes eaux, l'ensemble des hamouns évacue son trop-plein par ce déversoir, et les eaux sont alors éjectées vers le Goud-e Zareh, qui n'est alimenté que par ce biais-là (il ne reçoit aucun cours d'eau d'importance) et qui est situé assez loin au sud de l'ensemble, en territoire afghan, non loin de la frontière du Pakistan. Il s'ensuit que les sels qui devraient logiquement s'accumuler dans les hamouns (comme au centre de tout bassin endoréique), se retrouvent régulièrement expulsés vers cette étendue d'eau, laquelle montre de ce fait un degré de salinité élevé. Par contre la chaîne d'hamouns située en amont (le *demi-cercle*) bénéficie d'une eau relativement douce et donc poissonneuse.

Les hamouns sont les suivants (d'est en ouest) :

- Hamoun-e Puzak : alimenté par la branche Parian de l'Helmand, la rivière Khach, et partiellement par le Farah.
- Chonge Sorkh : alimenté par les zones humides environnantes (c.à.d. du delta de l'Helmand).
- Baringak : fait le lien entre l'Hamoun-e Puzak et l'Hamoun-e Saberi
- Hamoun-e Saberi : dont les eaux proviennent surtout de l'Helmand, de l'Adrachkan et partiellement du Farah.
- Hamoun-e Hirmand : alimenté par l'Hamoun-e Saberi et l'Helmand (branche Sistan).

Les trois principaux hamouns sont l'Hamoun-e Puzak, l'Hamoun-e Saberi et l'Hamoun-e Hirmand.

L'ensemble du système des hamouns est parfois appelé *Lac Hamoun* ou *Lac Hamun*.

La contenance maximale de l'ensemble des cinq hamouns, avant que leur volume ne déborde par leur exutoire naturel le Chile, est estimée à 13 025,6 millions de mètres cubes, c'est-à-dire un peu plus de 13 kilomètres cubes.

Du côté iranien, la plaine du delta couvre environ 2.500 km² ; le système des terres humides environnantes a une superficie de plus ou moins 5.000 km² [2]. Les lacs sont l'un des principaux et des plus précieux écosystèmes d'Iran. Ils font intégralement partie de la convention de Ramsar sur les zones humides, et sont classés comme réserve de biosphère par l'UNESCO.

Retenues d'eau et barrages

Le barrage de Kajakai, dans la province d'Helmand, a créé un énorme réservoir d'une capacité de 1,8 milliard de mètres cubes. La digue a 90 mètres de haut. Cette dernière a été endommagée lors de l'invasion américaine de l'automne 2001, mais réparée dès 2002[3].

Des barrages sur la rivière ont également été construits à Saraj et à Boghra (aux environs de Girichk, ville du piémont des montagnes), dans le but de prélever l'eau de l'Helmand pour l'irrigation. Le barrage de Boghra fait partie d'un important complexe d'irrigation vers de larges secteurs de terres sèches mais fertiles, situées en rive droite de la rivière, c'est-à-dire les zones de Marja, Nad-e Ali et Chamalan.

Observation des débits de l'Helmand

Pour l'ensemble des cours d'eau qui convergent vers les hamouns du Sistan, le débit annuel est estimé à 7,5 milliards de m³ [4], c'est-à-dire près de 240 m³ par seconde.

Débits annuels et module

Pour le seul Helmand (sans les autres tributaires des hamouns), les chiffres des débits annuels, mesurés à Borjak (une vingtaine de kilomètres avant le début du delta en territoire afghan), ont été les suivants[5] :

Débit annuel en kilomètres cubes			
Année	**Volume km³**	**Année**	**Volume km³**
1947-1948	2,2	1967-1968	7,1
1948-1949	4,4	1968-1969	6,8
1949-1950	6,4	1969-1970	7,0
1950-1951	6,3	1970-1971	0,9
1951-1952	7,0	1971-1972	6,6
1952-1953	5,1	1972-1973	4,3
1953-1954	3,2	1973-1974	2,8
1954-1955	8,0	1974-1975	3,2
1955-1956	3,6	1975-1976	9,4
1956-1957	9,7	1976-1977	3,6
1957-1958	14,9	1977-1978	3,1
1958-1959	6,5	1978-1979	4,0
1959-1960	6,3	1979-1980	7,3
1960-1961	4,2	1980-1981	5,8
1961-1962	6,0	1981-1982	8,8
1962-1963	2,9	1982-1983	9,3
1963-1964	2,7		
1964-1965	5,4		
1965-1966	9,0		
1966-1967	3,8		

Ce qui donne une moyenne de 5,77 kilomètres cubes par an (calculée sur 36 ans). Le débit annuel moyen ou module est donc de 183 m³ par seconde.

Répartition mensuelle

Le tableau suivant reprend les moyennes des mesures des débits mensuels effectuées sur l'Helmand au niveau du barrage de Kajakai, et sur l'Arghandab le seul grand affluent en aval du barrage. Pour être complet, la troisième série de valeurs affiche les débits mesurés à Chahar Burjak localité située dans le désert du Sistan, loin en aval du confluent des deux cours d'eau et proche du delta de l'Helmand.

Ces mesures ont été faites entre 1953 et 1965.

Source :[6]

Période	Débits mensuels moyens en millions de m³		
	Helmand à Karajai	**Arghandab au confluent**	**Helmand à Chahar Burjak**
octobre	188	10	217
novembre	226	18	229
décembre	250	67	354
janvier	271	67	380
février	297	115	479
mars	894	142	562
avril	1.648	314	1.216
mai	1.439	184	1.408
juin	587	49	656
juillet	291	77	377
août	175	14	286
septembre	163	8	229
Total annuel	**6.429**	**1.065**	**6.393**
Débit moyen en m³/seconde	**203,86**	**33,77**	**202,72**

Pour la période en question, un peu plus de l'équivalent du débit de l'Arghandab est donc entièrement consommé, essentiellement par l'irrigation. On note une différence entre le débit de l'Helmand calculé sur la période 1953-1965 (13 ans) et le même débit calculé durant la période 1948-1983 (voir plus haut). Cette différence est parfaitement expliquée par les irrégularités annuelles importantes de la rivière.

Les débits mensuels en aval du barrage de Kajakai

Le régime de l'Helmand est de type nival avec crues de printemps, c'est-à-dire de fin mars à début juin, avec un maximum en avril-mai. La rivière est en effet essentiellement alimentée par la fonte des neiges. Quant à l'étiage, il a lieu en automne-hiver, d'octobre à janvier, avec un minimum en novembre.

Le débit du la rivière à l'aval du barrage de Kajakai a été observé pendant 13 ans (1947-1960) [7].

À Kajakai, le débit annuel moyen ou module observé sur cette période était de 201 m³/seconde pour un bassin versant de 46.600 km².

La lame d'eau écoulée dans cette partie du bassin versant de la rivière - de loin la plus importante du point de vue de l'écoulement - atteint ainsi le chiffre de 136 millimètres par an.

Débits moyens mensuels de l'Helmand (en m³/seconde) mesurés à la station hydrométrique de Kajakai

Données calculées sur 13 ans

Irrigation et partage de l'eau

La cuvette du Sistan se trouve hydrologiquement en fin de parcours d'un grand bassin versant endoréique de 289000 km², rassemblant quatre cours d'eau importants dont l'Helmand est de loin le plus important. Ce grand bassin versant est inégalement réparti entre l'Iran, l'Afghanistan et, très partiellement, le Pakistan. Mais c'est aussi une des régions les plus sèches de la planète. En ces lieux, l'eau est la vie, et elle y est particulièrement convoitée. Tout captage d'eau en amont (Afghanistan) peut appauvrir l'aval et y créer des déséquilibres écologiques et économiques considérables. Or ces captages d'eau en amont ont continuellement augmenté depuis les années 1960, lorsqu'avec la construction de barrages et de réseaux de canaux d'irrigation, on a considérablement augmenté les surfaces irriguées.

Le débit annuel moyen ou module de l'Helmand est de 183 m³/seconde, mais peut varier considérablement (2000 m³/s lors des crues et 56 m³/s à l'étiage [8]). Quelque 70 % des terres arables en aval de la retenue de Kajakai par exemple sont irrigués au moyen de nombreux canaux construits depuis les années 1960[9]. Pour ce faire, près des deux tiers des eaux de l'Helmand aurait été utilisée[10].

Un accord signé en 1973 entre l'Afghanistan et l'Iran prévoit que l'Iran a un droit d'utilisation de 22 m³ par seconde des eaux du fleuve, plus éventuellement 4 m³ supplémentaires, soit au total quelque 820 millions de m³ par an.

Une dispute entre l'Afghanistan et l'Iran fait référence à une demande de l'Iran sur cette partie des eaux à laquelle il a droit.

Villes et localités traversées

À l'inverse de celles de l'Arghandab, les rives du haut et du moyen bassin de l'Helmand sont peu peuplées. Il y a peu de localités notables. Le peuplement devient plus dense lorsque le fleuve aborde la plaine en aval du barrage de Kajakai.

Mosquée à Lashkar Gah

On doit citer Sangin, Girichk et Lashkar Gah (également appelée *Bost*).

- Girichk (altitude 830 mètres) est située à l'endroit où la grand route bétonnée allant de Kandahar vers Hérat franchit le fleuve. Un barrage y a été édifié dans le but de détourner d'importantes quantités d'eau pour irriguer une série de zones situées à droite du fleuve.
- Quant à Bost, l'actuelle Lashkar Gah, c'était la deuxième ville de l'empire Ghaznévide, résidence d'hiver des souverains de Ghazni. On y trouve de nombreuses ruines datant d'avant le XIIe siècle et une célèbre mosquée. La ville se trouve au niveau du confluent de l'Arghandab, lequel est dominé par l'imposante forteresse de Qala-i Bost.

L'Helmand à hauteur de Sangin dans la province d'Helmand

Au niveau du delta, on peut voir les antiques cités de Zarandj (en Afghanistan) et de Zabol (en Iran).

Menaces écologiques

La dégradation de l'environnement en Afghanistan, comme partout, peut être causée par divers facteurs, naturels ou anthropiques. La menace naturelle clé est la baisse des précipitations. Mais actuellement les dégradations dues à l'activité humaine prédominent nettement.

Les principales menaces écologiques dans le bassin de l'Hilmand, et plus particulièrement au niveau des hamouns du Sistan, incluent la baisse de la quantité d'eau disponible et la dégradation des terres :

La baisse de la quantité d'eau de l'Hilmand peut être liée à :

- La dégradation du bassin versant surtout par la déforestation;
- Les pertes d'eau liées au stockage à long terme et à ciel ouvert de certaines quantités d'eau (évaporation parfois intense de l'eau des retenues, infiltrations etc.).
- Le prélèvement d'eau abusif non soutenable, via des installations d'irrigation grandes ou petites, mais aussi par des karez, des puits et des stations de pompage mobiles. Et plus particulièrement par l'énorme système de déviation iranien appelé Chah-nimeh.
- L'utilisation inefficiente de l'eau (trop d'eau utilisée, trop tôt ou trop tard, gaspillages divers, etc.)
- Le réchauffement climatique a une action encore mal connue (si pas non-connue) sur la baisse (ou la hausse) possible des précipitations.

Causes principales de la dégradation des terres dans le bassin :

- La conversion de terres marécageuses en terres cultivées à proximité des lacs.
- L'introduction d'espèces invasives, notamment des espèces de carpes.
- La collecte excessive de bois comme combustible, l'usage de pesticides en grande quantité.
- La surpâture non soutenable.
- Des pratiques agricoles inappropriées, y compris la conversion de pâturages en champs labourables et la construction de routes.
- L'érosion éolienne et le dépôt de sable à longue distance.
- Enfin le dépôt de limon charrié par le fleuve vers les hamouns, aggravé par la déforestation, peut réduire l'étendue des lacs, donc des zones humides. L'UNEP estimait en 2003 que l'avance de l'Helmand dans l'Hamoun-e Puzak était de 20 kilomètres pour les dernières 120 années.

La pression démographique

La population de l'Afghanistan a crû de plus de 300 % depuis 1950, où elle se montait à 8,96 millions. Une croissance similaire a eu lieu dans le bassin de l'Helmand et du Sistan. Bien des gens se sont établis le long du fleuve et près des terres humides. Cela a impliqué des prélèvements d'eau croissants, et ce, surtout par des installations informelles grandes ou petites, et par creusement de puits.

Sous l'effet du conflit, beaucoup de nouveaux villages ont été édifiés. Les personnes déplacées, réfugiés et exilés de retour au pays, ont un besoin d'eau immédiat. Ils prennent l'eau de la source la plus proche, souvent avec l'aide d'organisations humanitaires, bien que ce type de solution puisse mener à d'importantes dégradations et ne constitue nullement une solution *soutenable*. C'est d'autant plus préjudiciable que ces camps peuvent devenir semi-permanents.

Notons que cette problématique démographique est commune à toutes les régions sèches de la planète, et notamment au Sahel africain.

Affluents principaux

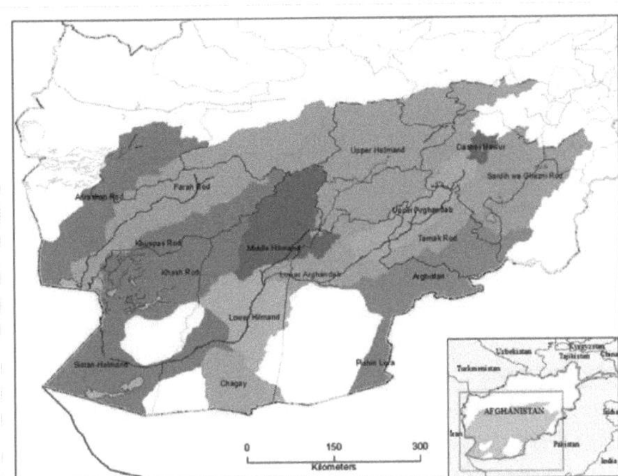

Carte des sous-bassins du système Helmand-Hamouns.

D'amont en aval :

- Le Markhana, petite mais abondante rivière venue des montagnes du Koh-i-Baba, est le premier cours d'eau notable à lui apporter ses eaux en rive droite à Dahane Richqa.
- Le Penjab est issu également du Koh-i-Baba, et tout aussi abondant.
- Le Kaj est une rivière importante qui draine une large portion de territoire du versant sud de l'Hindou Kouch occidental, et conflue avec l'Helmand en rive droite.
- Le Tirin Roud (rive gauche), venu de la ville de Tarin Kot, chef-lieu de la province d'Orozgan, rejoint l'Helmand à Deh Rawod.
- Le Musa Qala, venu du nord (rive droite), conflue au niveau de la ville de Sangin.
- Au niveau de Lashkar Gah, l'Helmand reçoit en rive gauche les eaux de son affluent principal, l'Arghandab, qui irrigue l'importante région de Kandahar. Ce dernier est grossi de 4 rivières notables : le Dori et l'Arghastan, ainsi que le Tarnak et le Lorah.

Notes et références

[1] la hauteur d'évaporation est estimée à près de 4 mètres annuellement, dans cette région qui est l'une des plus chaudes de la planète en été

[2] **(en) [PDF]** Flow forecasting system Sistan Basin, Iran (http://www.wldelft.nl/proj/pdf/3uk00350.scherm.pdf)

[3] Graphique du débit de l'Helmand à la sortie du réservoir de Kajakai, pour une année moyenne : 1977 (http://waterdata.usgs.gov/nwis/dv?cb_99060=on&format=gif_default&begin_date=1977-01-01&end_date=1977-12-31&site_no=321900065060000&referred_module=sw)

[4] Restoration, Protection and Sustainable Use of the Sistan Basin (http://www.iwlearn.net/iw-projects/Fsp_112799470223) **(en)**

[5] Delft Hydraulics - Integrated Water Resources Management for the Sistan Closed Inland Delta, Iran (http://www.wldelft.nl/cons/area/rbm/wrp1/pdf/annex_a.pdf) **(en) [PDF]**

[6] Delft Hydraulics - Integrated Water Resources Management for the Sistan Closed Inland Delta - Annex B : Forecasting the Flow from Afghanistan (http://www.wldelft.nl/cons/area/rbm/wrp1/pdf/annex_b.pdf) **(en) [PDF]**

[7] Unesco - Bassin de l'Helmand - Station : Kajakai,Downstream (http://webworld.unesco.org/water/ihp/db/shiklomanov/part'4/ASIA/Afghanistan/2AH`Helmand at Kajakai,Downstream.htm)

[8] briancoad.com : Drainage Basins- Sistan (http://www.briancoad.com/Introduction/sistanbasin.htm)

[9] Helmand Province Regional Rural Economic Regeneration Strategies (RRERS) 31.10.2006: (http://mrrd.gov.af/ENGLISH/GRM/Helmand Provincial Profile.pdf) **[PDF]**

[10] Integrated Water Resources Management for the Sistan Closed Inland Delta, Iran - Annexe B - Flow Forecasting - 2006 (http://www.wldelft.nl/cons/area/rbm/wrp1/pdf/annex_b.pdf) **[PDF]**

Annexes

Bibliographie

- History of Environmental Change in the Sistan Basin. Based on Satellite Image Analysis:1976 - 2005 (http://postconflict.unep.ch/publications/sistan.pdf) sur http://postconflict.unep.ch/", UNEP *Post Conflict Branch, 2006. Consulté le 21/11.2007*

Articles connexes

- Le Farah Roud
- L'Arghandab
- Le Goud-e Zareh

Liens externes

- Ramsar sites database (http://www.wetlands.org/RSDB/default.htm) **(en)**
- USGS projects in Afghanistan - Mesures et graphiques des débits des principaux cours d'eau du bassin de l'Helmand (http://afghanistan.cr.usgs.gov/helmand.php) **(en)**
- Carte de la couverture végétale des sols de la province de Nimroz, avec tracé du cours inférieur de l'Helmand au sein du désert du Sistan afghan (district de Chahar Borjak) (http://www.aims.org.af/services/sectoral/agriculture/landcover/Nimroz.pdf)
- WL Delft Hydraulics - Integrated Water Resources Plan for Sistan inland delta in Iran (http://www.wldelft.nl/cons/area/rbm/wrp1/)

Grand Cormoran

Grand Cormoran

Grand cormoran (*Phalacrocorax carbo*)

Classification (COI)	
Règne	*Animalia*
Embranchement	*Chordata*
Sous-embr.	*Vertebrata*
Classe	*Aves*
Ordre	*Suliformes*
Famille	*Phalacrocoracidae*
Genre	*Phalacrocorax*

Nom binominal

Phalacrocorax carbo
(Linnaeus, 1758)

Statut de conservation UICN :
LC 3.1 : **Préoccupation mineure**

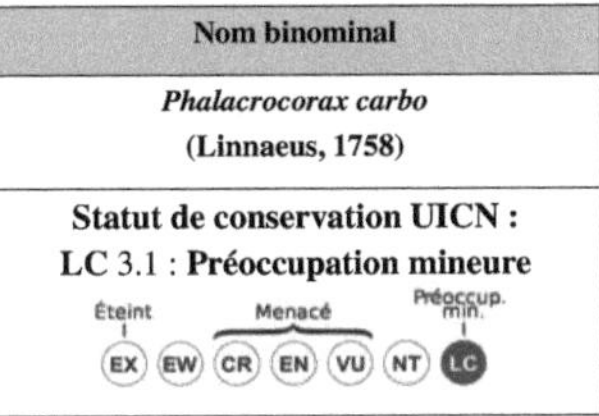

Le **Grand Cormoran**, ou **Cormoran commun** (***Phalacrocorax carbo***), est une espèce d'oiseau aquatique qui appartient à la famille des phalacrocoracidés. Son aire de distribution est très vaste (Europe, Asie, Océanie, Afrique, et une frange orientale de l'Amérique du Nord) ; on y distingue habituellement cinq à huit sous-espèces.

Description

Attitude typique du cormoran se séchant les ailes

Mensurations

Cet oiseau a une taille moyenne de 90 cm (84 à 98 cm) pour 150 cm d'envergure en moyenne (de 130 à 160 cm)[1] et un poids de 2 à 3.7 kg[2],[3].

Plumage

Même si le mâle est en moyenne plus corpulent que la femelle et son bec plus large, il n'existe pas de dimorphisme sexuel chez cette espèce.

taches blanches visibles sur les cuisses

Le plumage du grand cormoran adulte est entièrement noir, à l'exception de taches blanches plus ou moins étendues sur les joues et la gorge des adultes et des reflets bleus dans le plumage noir, ou vert-bronze au niveau du dos et des ailes. Lors de la période de reproduction apparait de plus une tache blanche au sommet de chaque cuisse. Certaines sous-espèces peuvent aussi avoir lors de cette période des plumes blanches sur le cou. *Phalacrocorax carbo sinensis* présente, à cette époque de l'année, une nuque blanche.

Le bec de ce cormoran est de couleur blanc-crême ou gris clair ; il comporte une large tache jaune à la commissure des lèvres ce qui le distingue, outre sa plus grande corpulence, des autres espèces. Les yeux sont verts et les pattes palmées sont noires.

Les juvéniles ont un plumage plus clair, avec le dos brunâtre et le ventre et la poitrine blancs.

Espèces ressemblantes

Le Grand cormoran juvénile peut être confondu avec le plongeon huard en plumage d'hiver, mais ce dernier a le cou nettement plus court et le bec en forme de poignard[2].

Le Cormoran huppé est de plus petite corpulence que le Grand cormoran et a le front moins plat et orné d'une courte huppe[2].

Comportement

Locomotion

Le Grand cormoran vole la tête tendue, avec le cou légèrement coudé. Son vol puissant, aux battements d'ailes réguliers, peut alterner avec de longs planés[2].

Le Grand cormoran est un bon plongeur ; il peut plonger jusqu'à 10 mètres de profondeur pour capturer sa proie, voire 30 mètres. Il nage rapidement sous l'eau et peut tenir une minute en plongée[4].

Il ne peut toutefois y demeurer longtemps car il ne possède pas comme les autres palmipèdes de glande uropygienne permettant d'imperméabiliser son plumage. De ce fait, l'eau mouille son plumage et leste l'oiseau lui permettant d'aller plus en profondeur pour attraper des poissons. De plus, le grand cormoran a l'étrange habitude de nager non pas sur l'eau mais le corps à moitié voire complètement sous l'eau, un peu comme un sous-marin dont le périscope sortirait en surface (cf. paragraphe "Photos et vidéos").

Une fois sorti de l'eau, perché ou au sol, il passe parfois des heures à se sécher, ailes et queue déployées (on parle de position en étendard). Ce comportement pourrait également avoir un rôle social et un rôle dans la digestion.

Alimentation

Le grand cormoran se nourrit principalement de poissons vivants qu'il pêche en plongeant par intermittence, entre deux parcours à la nage, dans des eaux à faible courant ou stagnantes. Bien que la plupart de ses proies ne dépasse pas 20 cm, il est capable de capturer des poissons d'un kilo et demi[5]. Il peut aussi consommer des crustacés, amphibiens, mollusques ainsi que de petits oiseaux au nid[6].

Le grand cormoran plonge sous l'eau depuis la surface pour capturer ses proies, qui vivent généralement sur le fond, même s'il lui arrive de pêcher des poissons de banc en zone plus profonde[6]. Ses pattes sont largement palmées et ses yeux sont équipés de cristallins suffisamment déformables pour s'adapter à la vision sous l'eau[1]. Les proies les plus volumineuses sont remontées en surface avant d'être avalées[2].

Vocalisation

Cet oiseau, généralement silencieux, se manifeste parfois sur les lieux de nidification ou lorsqu'il est sur son perchoir[2],[3]. Son cri guttural est un peu glougloutant ("gra-gra")[7].

Comportement social

Le Grand cormoran est un oiseau sociable. Il se nourrit généralement en solitaire, mais peut former des groupes sur les zones particulièrement poissonneuses. Les individus ont tendance à se percher et à voler en communauté. Lors de la saison de nidification, leur comportement devient grégaire ; les colonies de Grands cormorans sont souvent associées à d'autres espèces de cormorans ou à divers Laridae[3].

Reproduction

La saison de nidification varie selon la localisation géographique : elle peut avoir lieu à n'importe quel moment de l'année, ou coïncider avec la saison des pluies (régions tropicales), ou culminer lors du printemps/début de l'été (d'avril à juin dans l'hémisphère Nord)[6]. Le Grand cormoran forme des colonies lors de la nidification, pouvant réunir de 10 à 500 couples, voire un millier ; les dimensions de la colonie dépendent des ressources en nourriture[6]. Le nid est généralement un amas de branchages, installé en hauteur sur un grand arbre ou sur des rochers. Ce nid peut être agrémenté d'algues, d'herbe et de plumes. Le Grand cormoran est habituellement fidèle au site de nidification et au nid qu'il a utilisé l'année précédente[6].

La ponte comprend en moyenne 3 ou 4 œufs (en fait de 1 à 7[3]) de couleur blanche teintée de bleu-vert. Les dimensions de l'œuf sont de 6,5 x 4 cm en moyenne pour une masse de 58 g[8].

L'incubation, qui dure de 28 à 31 jours[8], et l'alimentation des petits sont assurés par les deux parents[7]. Les petits, nidicoles et nus à la naissance, pèsent moins de 50 g[9] ; ils ont la peau noire[3]. Les petits quittent le nid 48 à 52 jours après l'éclosion[8], mais restent dépendants des parents pendant encore 3 semaines après leur envol[4].

La survie des juvéniles est de 58% sur la première année[8]. La maturité sexuelle est atteinte à l'âge de 3[8] ou 4 ans[9] et la longévité est de 11 ans en moyenne[8] chez cette espèce, mais les individus atteignent couramment 15 voire 20 ans[2]. Le record de longévité européen a été déterminé grâce à une bague trouvée sur un individu trouvé mort : 23 ans et 6 mois[10].

Répartition et habitat

Habitat

Le Grand cormoran vit près de plans d'eau douce, saumâtre ou salée, riches en poissons, mais présentant un courant faible ou nul ; il évite généralement les plans d'eau trop petits ou aux eaux trop profondes. Ce peut être un estuaire, un delta, une mangrove, une baie abritée, un lac, un étang, voire un canal ou un port, port d'eau douce ou une marina[2]. Quand il ne pêche pas, il se perche très souvent sur un support en hauteur, où il se fait également sécher. Quand un même bosquet d'arbres sert chaque année à la fois de perchoir dortoir lieu de nidification constant à une colonie de cormorans (en bordure de marais souvent), leurs feuilles sont "brûlées" par les fientes de ces oiseaux[7].

Colonie de grands cormorans au Juodkranté (Lithuanie) et dégâts infligés aux arbres où ils nichent.

Répartition

Il vit sur une très large aire de distribution (Europe, Asie, Océanie, Afrique, et une frange est de l'Amérique du Nord). Les populations sont concentrées dans les zones où les conditions sont favorables à l'espèce et l'aire de répartition est donc discontinue. Cette aire s'étend entre 74°N et 47°S[5]

Cette espèce peut être sédentaire, partiellement migratrice ou migratrice selon les populations considérées. Seules les populations les plus septentrionales migrent ; toutes les autres sont sédentaires ou se dispersent en dehors de la saison de reproduction. Les populations migratrices réalisent des mouvements migratoires variables : par exemple, les individus de la sous-espèce *Phalacrocorax carbo sinensis* vivant en Europe centrale migrent vers la Méditerranée jusqu'au Golfe Persique. Les *Phalacrocorax carbo carbo* européens ne font guère que se disperser en hiver, gagnant souvent la côte (mais de nombreux individus restent dans les terres en Irlande) alors que les populations américaines de cette même sous-espèce (Canada, Groenland, Maine aux États-Unis) migrent vers le sud, certains individus allant jusqu'au New-Jersey, en Caroline du Nord ou du Sud, voire en Floride. Les populations australiennes se dispersent en fonction des inondations ou des sècheresse[11].

Population mondiale et européenne

Population européenne

La population européenne est estimée à plus de 310000 couples par BirdLife International. Cette estimation, qui considère tout le continent européen, inclus la Russie (entre 35000 et 60000 couples) et l'Ukraine (de 65000 à 75000 couples). Il y aurait de plus une quarantaine de milliers de couples au Danemark, et une vingtaine de milliers en Roumanie, aux Pays-Bas, en Suède et en Norvège. Les autres pays présentent des populations variables ; celle de la France est de 3350 couples[12].

Toutes ces populations sont en accroissement depuis le milieu des années 1980.

Population mondiale

L'UICN estime qu'il y aurait entre 1 et 1,6 million de Grand cormoran dans le monde, sur une aire de répartition de 10 millions de km²[13].

Systématique

Étymologie

Le terme *Phalacrocorax* vient de la juxtaposition de deux termes grecs (*Phalakros*, chauve et *korax*, le corbeau). Le terme *carbo* (le charbon en latin) fait allusion à la couleur noire de cet oiseau.
Le mot *cormoran* a pour origine deux mots du vieux français, *corp* (le corbeau) et (marenc) *de mer*, ce qui a donné *cormareng* au XIIe siècle, puis *cormaran* au XIIIe siècle[14].

Taxinomie

Selon le site avibase, l'espèce *Phalacrocorax carbo* a été divisée en deux espèces distinctes[15]:

- *Phalacrocorax carbo* : le Grand cormoran sensu stricto ;
- *Phalacrocorax lucidus* : le Cormoran à poitrine blanche.

Toujours selon Avibase, il existerait 6 sous-espèces[16]:

- *Phalacrocorax carbo carbo* (qui inclut *Phalacrocorax carbo norvegicus*) ;
- *Phalacrocorax carbo sinensis* ;
- *Phalacrocorax carbo maroccanus* ;
- *Phalacrocorax carbo novaehollandiae* (qui inclut *Phalacrocorax carbo steadi*) ;
- *Phalacrocorax carbo hanedae* ;
- *Phalacrocorax carbo lugubris*.

Selon le site du GROMS, il existerait 14 populations réparties en 8 sous-espèces[17]:

- *Phalacrocorax carbo carbo* : Amérique du Nord + Nord-ouest de l'Europe ;
- *Phalacrocorax carbo carboides* : Australie ;
- *Phalacrocorax carbo hanedae* : Japon ;
- *Phalacrocorax carbo lucidus* : Ouest, Est et Sud de l'Afrique ;
- *Phalacrocorax carbo maroccanus* : Sud du Maroc ;
- *Phalacrocorax carbo novaehollandiae* : Australie, Tasmanie, Nouvelle-Zélande, Îles Chatham ;
- *Phalacrocorax carbo sinensis* : Nord et Centre de l'Europe, mer Noire et Méditerranée, Sud-ouest, Sud, Sud-Est et Est de l'Asie ;
- *Phalacrocorax carbo steadi* : Nouvelle-Zélande.

Le Grand cormoran et l'homme

Menaces

Cette espèce est souvent persécutée à cause des dégâts qu'elle génère sur les stocks de poissons et sur les arbres lui servant de perchoir. La prolifération des cormorans oblige la plupart des pays d'Europe à délivrer des autorisations de tirs pour tenter de réguler les populations et limiter un peu les dégâts considérables sur l'équilibre écologique des rivières et sur la pisciculture. Dans certaines zones, des dispositifs visant à noyer ou empoisonner cette espèce ont été utilisés[6].

Cette espèce est susceptible de contracter la grippe aviaire ou la maladie de Newcastle[6].

Elle est de plus victime de la chasse et de l'installation de champs d'éoliennes en zone côtière. En Iran, on trouve du Grand cormoran en vente dans les marchés, vendu comme gibier[6].

Dans le cadre d'une résolution (2010) [18] promouvant une aquaculture biologique et durable, à la demande d'aquaculteurs, le parlement européen a proposé à la commission européenne un *plan européen de gestion des cormorans*. Le parlement, considérant que les dégâts provoqués par les cormorans à certaines piscicultures traditionnelles « demande à la Commission de prendre les mesures demandées par le Parlement européen dans sa résolution du 4 décembre 2008, notamment en ce qui concerne la mise en place d'un plan de gestion des cormorans en plusieurs étapes, coordonné à l'échelle européenne, et la collecte de données scientifiques sur la taille des populations de cormorans; demande à la Commission de proposer une législation détaillée à cet égard »;

Protection

Considéré, en Europe, comme une espèce menacée dans les années 1970, la sous-espèce continentale du grand Cormoran (*Phalacrocorax carbo sinensis*), ainsi que la sous-espèce marine (*Phalacrocorax carbo carbo*) ont été protégées dans tout l'espace européen par la Directive oiseaux de 1979. L'AEWA considère les populations eurasiennes et du centre et de l'est de l'Afrique comme sécurisées (catégorie C), mais a classé les populations de la côte ouest de l'Afrique en catégorie B1 (populations très vulnérables) et celles du sud de l'Afrique en catégorie A2 (populations menacées)[19]. Il est notable que ces populations soient de la sous-espèce *Phalacrocorax carbo lucidus*, considérée par certains auteurs comme une espèce séparée de *Phalacrocorax carbo.*

Cette protection a permis, depuis le milieu des années 1980, la remontée des effectifs européens à partir des pays où l'espèce s'était maintenue (essentiellement Danemark et Pays-Bas). On assiste à une expansion des zones de nidification à toute l'Europe du Nord : Danemark et Pays-Bas, mais aussi Allemagne, Pologne et Suède. La prolifération de ces espèces oblige la plupart des pays d'Europe à délivrer des autorisations de tirs pour réguler un peu les populations et limiter un peu les dégâts considérables sur l'équilibre écologique des rivières (c'est un oiseau de mer !) et la pisciculture.

BirdLife International a classé cette espèce en catégorie "sécurisée" depuis 1994, et l'UICN en catégorie LC (préoccupation mineure) depuis 1988 du fait de sa population importante, de sa très grande aire de répartition et de sa tendance à l'augmentation d'effectif[12],[13].

Le grand cormoran dans la culture

Les Bretons disent du Grand cormoran en plumage nuptial qu'il *porte sa montre sur le côté*, faisant ainsi allusion à la tache blanche sur le haut de la cuisse[14].

La pêche au cormoran, autrefois répandue en Chine, se perpétue surtout à des fins touristiques ou récréatives[5].

Cette espèce a été représentée sur des timbres émis par de très nombreux états[20],[21]: Afghanistan (1989), Åland (2005), Algérie (1998), Autriche (1953), Biélorussie (1996), Burundi (2004), Canada (2003), Croatie (1995), Gambie (1999 et 2004), Allemagne de l'Est (1959), Grande-Bretagne (2008), Hongrie (1959), Islande (1996), Île de Man (1983 et 1989), Japon (1959), Jersey (1999), Laos (1990), Liberia (1999), Malaisie (2006), Maldives (1985 et 2000), Mauritanie (1987), Monaco (1955), Pays-Bas (2005), Pologne (1960), Qatar (1971 et 1976), Sierra Leone (2000), Saint-Pierre-et-Miquelon (1997), Tuvalu (2000) et Ukraine (1999 et 2002).

Galerie

Sauvage à Bharatpur, Rajasthan en Inde.

À Kolkata au Bengale-Occidental en Inde.

Megalong Valley, Nouvelle-Galles du Sud en Australie

En vol, plumage d'élevage, Sud-Ouest du Queensland, en Australie

Près d'Hodal au Faridabad District de Haryana, en Inde.

Jeune volant en Kolkata, Bengale-Occidental, Inde.

Mai Po, à Hong Kong.

Séchant ses ailes, en Camargue, France.

Great Cormorant, Abou Dabi, UAE

Notes et références

[1] (fr) Gérard Debout, *Le Grand Cormoran*, Éveil éditeur, coll. « Approche », Saint-Yrieix-sur-Charente, 2000, 72 p., (ISBN 978-2840000259).

[2] (fr) Hume R., Lesaffre G. et Duquet M. (2004) *Oiseaux de France et d'Europe* p 40, Larousse, (ISBN 2-03-560311-0)

[3] (en) Cornell Lab of Ornithology, « Great Cormorant (http://www.birds.cornell.edu/AllAboutBirds/BirdGuide/Great_Cormorant_dtl.html) » sur *All About Birds*, 2003. Consulté le 14 février 2009

[4] (fr) Didier Collin, « Grand Cormoran (http://www.oiseaux.net/oiseaux/grand.cormoran.html) » sur *oiseau.net*, Ecopains d'Abord. Mis en ligne le 07/11/2002, consulté le 19 février 2009

[5] (en) Hatch J.J., Brown K.M., Hogan G.G., Morris R.D., « Great cormorant (http://bna.birds.cornell.edu/bna/species/553/articles/introduction) » sur *The Birds of North America*, A. Poole, Ed., Cornell Lab of Ornithology, 2000. Consulté le 16 février 2009

[6] (en) Butchart S., Ekstrom J., Malpas L., « Great Cormorant - BirdLife Species Factsheet, Phalacrocorax carbo (http://www.birdlife.org/datazone/species/index.html?action=SpcHTMDetails.asp&sid=3679&m=0) » sur *Birdlife.org*, Birdlife International, 2008. Consulté le 16 février 2009

[7] (en) Vilček F. (1987) *Petite encyclopédie des oiseaux* p 48, Editions Slovart, Bratislava et Baudouin, Paris (ISBN 2 86396 091 6)

[8] (en) Robinson R.A., « Cormorant Phalacrocorax carbo [Linnaeus, 1758 (http://blx1.bto.org/birdfacts/results/bob720.htm)] » sur *BTOweb*, British Trust for Ornithology, 2005. Consulté le 16 février 2009

[9] (en) de Magalhaes J.P., Budovsky A., Lehmann G., Costa J., Li Y., Fraifeld V., Church G. M., « AnAge entry for Phalacrocorax carbo (http://genomics.senescence.info/species/entry.php?species=Phalacrocorax_carbo) » sur *genomics.senescence.info*, AnAge database at the Human Ageing Genomic Resources. Consulté le 15 février 2009

[10] (en) Staav R.& Fransson T., « European longevity records, cormorant (http://www.euring.org/data_and_codes/longevity-voous.htm) » sur *euring.org*, European birds, 2008. Consulté le 16 février 2009

[11] (en) Phalacrocorax carbo (http://groms.unep.de/view/species_report.php?genus=Phalacrocorax&species=carbo) sur *groms.unep.de*, Global Register of Migratory Species. Consulté le 17 février 2009

[12] (en) [PDF] Phalacrocorax carbo Great Cormorant (http://www.birdlife.org/datazone/species/BirdsInEuropeII/BiE2004Sp3679.pdf) sur *Birldlife.org*, Birdlife International. Consulté le 16 février 2009

[13] (en) BirdLife International, « Phalacrocorax carbo (http://www.iucnredlist.org/details/144638) » sur *iucnredlist.org*, UICN, 2008. Consulté le 17 février 2009

[14] (fr) Cabard P. et Chauvet B. (2003): *Etymologie des noms d'oiseaux* p 17. Belin. (ISBN 2-70113-783-7)

[15] (fr) Grand Cormoran (Phalacrocorax carbo) (Linnaeus, 1758) sensu largo (http://avibase.bsc-eoc.org/species.jsp?lang=FR&id=D9A7241FAB1552ED&ts=1234674666406&sec=summary) sur *Avibase*, Études d'Oiseaux Canada, 2003. Consulté le 15 février 2009

[16] (fr) Grand Cormoran (Phalacrocorax carbo) (Linnaeus, 1758) sensu stricto (http://avibase.bsc-eoc.org/species.jsp?lang=FR&id=D707E601547B48C8&ts=1234684046953&sec=summary) sur *Avibase*, Études d'Oiseaux Canada, 2003. Consulté le 15 février 2009

[17] (en) Phalacrocorax carbo, GROMS (http://groms.unep.de/view/population_temp.php?genus=&species=&species2=&string=&anzahl=14&search_pattern=phalacrocorax carbo) sur *GROMS*. Consulté le 15 février 2009

[18] Résolution du Parlement européen du 17 juin 2010 sur le thème «Donner un nouvel élan à la stratégie pour le développement durable de l'aquaculture européenne» (http://eur-lex.europa.eu/LexUriServ/LexUriServ.do?uri=OJ:C:2011:236E:0132:0141:FR:PDF) (2009/2107(INI)), publiée le 12/08/2011, et suite à une résolution du 4 décembre 2008 (JO C 21 E du 28.1.2010, p. 11)

[19] (en) Phalacrocorax carbo (http://www.unep-aewa.org/birds/index.cfm?species=16826) sur *AEWA*, African-Eurasian Waterbird Agreement, 2002. Consulté le 14 février 2009

[20] (en) Great Cormorant Phalacrocorax carbo (http://www.bird-stamps.org/cspecies/1700500.htm) sur *bird-stamps.org*. Consulté le 16 février 2009

[21] (en) Stamps showing Great Cormorant Phalacrocorax carbo (http://www.birdtheme.org/mainlyimages/index.php?comb=17005000&s=17) sur *birdtheme.org*. Consulté le 16 février 2009

Voir aussi

Articles connexes

- Cormoran
- Pêche au cormoran

Photos et vidéos

- Son : vocalisation de *Phalacrocorax carbo* sur le site de la Royal Society for the Protection of Birds (http://www.rspb.org.uk/wildlife/birdguide/name/c/cormorant/index.asp#) (voir en haut de fiche).
- Bandes son de *Phalacrocorax carbo* sur le site xenocanto.org (http://www.xeno-canto.org/europe/species.php?query=Phalacrocorax+carbo)
- Vidéos & photos sur le site Internet Bird Collection (IBC) (http://ibc.lynxeds.com/species/great-cormorant-phalacrocorax-carbo)
- Vidéo sur le Grand Cormoran filmée en Baie de Somme et dans le Bassin d'Arcachon (France) (http://exposureroom.com/members/oiseauxdeurope.aspx/assets/79ee6b14f594475591fbe5113a88201e/)

Bibliographie

- Karel Šťastný (trad. Dagmar Doppia), La grande encyclopédie des oiseaux, Paris, Gründ, octobre 1989, 494 p. (ISBN 978-2-7000-2504-0), « Grand cormoran », p. 45
- **(en)** Nelson, J.B., 2005. *Pelicans, cormorants, and their relatives - The Pelecaniformes.* Oxford University Press, 661 p. (ISBN 0 19 857727 3)

Liens externes

- Nombreuses photographies (http://www.lintukuva.fi/lajikuvat/phacar) sur birdphoto.fi
- Galerie photos Flickr (http://avibase.bsc-eoc.org/species.jsp?lang=FR&id=1B0631133114AA1A&ts=1234675512453&sec=flickr) sur Avibase
- Série de photos d'un Grand cormoran en train de pêcher (http://calphotos.berkeley.edu/cgi/img_query?stat=BROWSE&query_src=photos_fauna_sci-Bird&where-lifeform=Bird&where-taxon=Phalacrocorax+carbo&title_tag=Phalacrocorax+carbo), sur Calphotos
- Série de photos de *Phalacrocorax carco lucidus* (http://calphotos.berkeley.edu/cgi/img_query?stat=BROWSE&query_src=photos_fauna_sci-Bird&where-lifeform=Bird&where-taxon=Phalacrocorax+carbo+lucidus&title_tag=Phalacrocorax+carbo+lucidus), sur Calphotos

Références taxonomiques

- Référence Alan P. Peterson : carbo *dans Ciconiiformes* (http://www.zoonomen.net/avtax/cico.html"Phalacrocorax) **(en)**
- Référence Avibase (http://www.bsc-eoc.org/avibase) : *Phalacrocorax carbo* (http://www.bsc-eoc.org/avibase/species.jsp?pg=summary&lang=FR&id=C4831F763DE1276C&ts=1164102409996) (+ répartition (http://www.bsc-eoc.org/avibase/species.jsp?sec=map&lang=FR&id=C4831F763DE1276C&ts=1164102409996)) **(fr+en)**
- Référence Oiseaux.net : *Phalacrocorax carbo* (http://www.oiseaux.net/oiseaux/grand.cormoran.html) (+ répartition (http://www.oiseaux.net/oiseaux/distribution/grand.cormoran.html)) **(fr)**
- Référence Fauna Europaea : *Phalacrocorax carbo* (http://www.faunaeur.org/full_results.php?id=96618) **(en)**
- Référence ITIS : *Phalacrocorax carbo* (Linnaeus, 1758) (http://www.cbif.gc.ca/pls/itisca/next?taxa=&p_format=&p_ifx=&p_lang=fr&v_tsn=174715) **(fr)** (+ version anglaise (http://www.itis.gov/servlet/SingleRpt/SingleRpt?search_topic=TSN&search_value=174715) **(en)**)

- Référence Animal Diversity Web : *Phalacrocorax carbo* (http://animaldiversity.ummz.umich.edu/site/accounts/information/Phalacrocorax_carbo.html) **(en)**
- Référence NCBI : *Phalacrocorax carbo* (http://www.ncbi.nlm.nih.gov/Taxonomy/Browser/wwwtax.cgi?lin=s&p=has_linkout&id=9209) **(en)**
- Référence UICN : espèce *Phalacrocorax carbo* (Linnaeus, 1758) (http://www.iucnredlist.org/apps/redlist/details/144638) **(en)**
- Référence Fonds documentaire ARKive (http://www.arkive.org/) : *Phalacrocorax carbo* (http://www.arkive.org/species/ARK/birds/Phalacrocorax_carbo/) **(en)**

Canard souchet

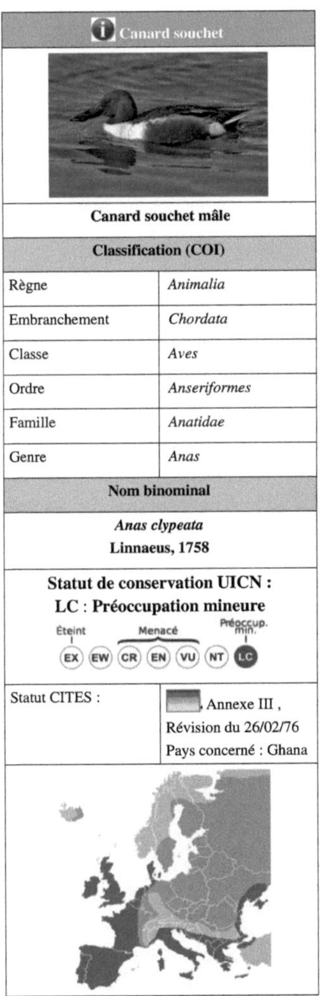

Canard souchet	
Canard souchet mâle	
Classification (COI)	
Règne	*Animalia*
Embranchement	*Chordata*
Classe	*Aves*
Ordre	*Anseriformes*
Famille	*Anatidae*
Genre	*Anas*
Nom binominal	
Anas clypeata **Linnaeus, 1758**	
Statut de conservation UICN : LC : Préoccupation mineure	
Statut CITES :	Annexe III , Révision du 26/02/76 Pays concerné : Ghana

Répartition géographique :

- ♦ habitat permanent
- ♦ zone d'hivernage
- ♦ nidification

Le **Canard souchet** (*Anas clypeata*) est une espèce de canard barboteur qui se reproduit dans les zones septentrionales de l'Eurasie et dans la plupart de l'Amérique du Nord. Il est accidentel en Australie. Habituellement placé dans le genre *Anas*, cette espèce, assez différente du Canard colvert, est placée avec d'autres espèces aux ailes bleues dans le genre *Spatula* par certains auteurs.

Morphologie

Mâle en plumage de parade

Ce canard de surface, de taille moyenne (44 à 52 cm), se caractérise par un bec massif, allongé, aplati et élargi à son extrémité (en forme une petite spatule). Comme les autres anatidés, l'espèce possède un dimorphisme sexuel qui se traduit par un plumage particulièrement coloré pour les mâles durant la période nuptiale qui court d'octobre à juin. En vol, il est distinguable par la couleur bleu pâle de l'antérieur de ses ailes sur lesquelles on peut distinguer un miroir vert bordé d'une ligne blanche. Les pattes sont rouges.

Couple s'alimentant

mâle

Chez le mâle, durant la période nuptiale, la tête est vert bouteille avec des reflets noirs, la poitrine est blanche, les flancs et le ventre sont marron-roux et le haut du dos brun[1]. Les ailes sur le dessus sont gris bleuté avec un miroir vert et la couverture sous-alaire blanche avec le bord postérieur noir. Les iris du mâles sont jaunes toute l'année[1].

Ils pèsent de 470 à 1000 grammes[2].

femelle

La femelle est beaucoup plus terne, de couleur brunâtre avec le croupion plus clair, elle est munie du même bec que le mâle. Le dessus de l'aile est gris avec un miroir gris verdâtre, le dessous est blanc avec un bord postérieur gris. Les iris sont marrons. Elles pèsent de 470 à 800 grammes[2].

Comportement

Ce sont des oiseaux calmes qui tolèrent la présence humaine et peuvent être relativement apprivoisés[3].

Reproduction

Les couples, formés durant l'hiver, nichent dans la végétation à proximité de l'eau. La ponte a lieu en avril-mai. La femelle construit le nid en formant une coupe en se tortillant sur le sol. Elle pond 7 à 12 œufs[1] de couleur olive de taille 52x37 mm[2] puis les incube seule durant 21 à 23 jours[1]. Alors que les autres canards de surface quittent le territoire du nid immédiatement après la ponte (pour muer), le souchet mâle le défend plusieurs jours après la ponte, peut-être parce que son mode alimentaire lui prendrait plus de temps[4].

Les canetons nidifuges seront élevés par la femelle durant 6 semaines, jusqu'à leur envol.

Régime alimentaire

Son bec comme tout ceux de la famille des Anseriformes lui permet de filtrer l'eau en l'aspirant et en la rejetant sur les côtés. Les soies à l'intérieur et bordant le bec retiennent les éléments planctoniques contenus dans les premiers centimètres d'eau. Son régime alimentaire peut fortement varier d'une période à l'autre. Il se compose de plancton, d'insectes aquatiques sous forme imago ou larvaire, de crustacés, de mollusques et d'éléments végétaux notamment de graines mais aussi de petit poissons comme les vairons. L'alimentation sociale est commune, ils sont attirés par les zones ou d'autres oiseaux se nourrissent. Les souchets tirent profit de la nourriture remontée à la surface par d'autres oiseaux[2] d'ailleurs ce sont les seul oiseaux aquatiques à nager en rond autour d'une zone pour créer des remous afin de faire remonter de la nourriture. Les souchets sont également d'excellent barboteurs et plongeurs. Ils savent utiliser leurs ailes pour nager sous l'eau.

Communication

Le souchet est silencieux en dehors des période de reproduction. Le mâle émet un *touk touk*

Habitat

Cet oiseau fréquente en général les eaux ouvertes des marais, des lacs, des étangs, des estuaires, des stations de lagunage... On notera une préférence pour les eaux douces ou légèrement saumâtres.

Répartition

Le souchet est présent de part et d'autre de l'Atlantique. Il n'est pas aussi grégaire que d'autres canards barboteurs en dehors de la saison de reproduction et tend à former seulement des petits groupes.

Du côté européen, il niche dans les zones les plus septentrionales et migre jusqu'en Afrique subtropicale pour hiverner. Les populations du nord-ouest et du centre de l'Europe sont stables, même si d'importantes variations sont observées suivant les hivers tandis que les populations du bassin méditerranéen sont en déclin[1].

En France

On observera en France le canard souchet surtout durant la période hivernale (15000 à 30000 individus) venant du Nord et du Nord-Est de l'Europe. Certains poursuivent leur migration pour passer l'hiver en Espagne, Afrique du Nord ou en Afrique tropicale. Une petite population est résidente, de 700 à 1300 couples principalement dans le marais Breton, les étangs de Sologne, les marais arrières littoraux picards et le lac de Grand-Lieu en Loire-Atlantique[1].

L'effectif hivernant français, en accroissement depuis une dizaine d'années, est très fluctuant avec 25 à 40000 oiseaux. Les oiseaux sont concentrés à cette époque sur quelques sites : la Camargue, le lac de Grand-Lieu, l'estuaire de la Loire, le golfe du Morbihan ou encore la les étangs de la Brenne. Le retour vers les zones de reproduction nordiques s'effectue dès fin février mais surtout en mars-avril.

Au Royaume-Uni

Les îles Britanniques abritent plus de 20% de la population européenne, ils hivernent dans le sud et l'est de l'Angleterre, en particulier autour de l'Ouse Washes, la rivière Humber, les marais dans le nord du Kent, en beaucoup plus petit nombre dans ceux d'Écosse et dans l'ouest de l'Angleterre. En hiver, les oiseaux nicheurs se déplacent vers le sud, et sont remplacés par un afflux d'oiseaux en provenance du continent plus au nord.

Au Amérique du nord

La population d'Amérique du Nord semble être en augmentation[3].

Statut

Bien que non formellement calculée, cette espèce a une population estimée de 5 à 6 millions d'individus[5] se répartissant sur une surface de 10 millions de km² n'est pas considérée comme menacée, aussi elle a été classée LC par l'UICN[6].

Cette espèce est chassable mais est protégée dans le cadre de l'Accord sur la conservation des oiseaux d'eau migrateurs d'Afrique-Eurasie[7]. En Amérique du Nord, cette espèce est protégée en vertu de la convention concernant les oiseaux migrateurs américaine de 1918.

Systématique

Taxonomie et dénomination

Le terme souchet est l'ancien terme utilisé pour creuser[8] et fait référence à la manière dont les femelles creusent le sol pour faire leur nid. Il dérive de sous-* et de l'ancien verbe *chever* « creuser »[8]. Cette espèce a été décrite pour la première fois par Linné *Systema naturae* en 1758 sous ce nom[9].

Le nom scientifique de l'espèce dérive de *Clipeus*, un bouclier antique dont le terme *Clypeus* est une déformation classique par les zoologistes. Ce terme rappel la forme en cuillère du bec de ce canard[10].

Sous-espèce

Aucune sous-espèce répertoriée à ce jour.

Histoire évolutive

Les os fossiles d'un canard très similaires datée du début du Pléistocène ont été découverts dans le dépôt de Dursunlu (Turquie). La relation exacte de ses oiseaux avec le souchet n'est pas précisément connue[11]. Le Souchet ressemble, notamment par son bec, au Canard spatule, aussi on pense que ces deux espèces sont proches.

Le souchet et l'homme

Le goût du canard souchet est réputé, plus encore que celui du colvert[3]. Ses couleurs le font d'ailleurs confondre avec ce dernier. Le souchet est chassé à la botte, à la passée et au poste fixe (hutte, gabion)[1].

Voir aussi

Références taxonomiques

- Référence Alan P. Peterson : clypeata *dans Anseriformes* [12] (**en**)
- Référence Avibase [13] : *Anas clypeata* [14] (+ répartition [15]) (**fr+en**)
- Référence Fauna Europaea : *Anas clypeata* [16] (**en**)
- Référence ITIS : *Anas clypeata* Linnaeus, 1758 [17] (**fr**) (+ version anglaise [18] (**en**))
- Référence Animal Diversity Web : *Anas clypeata* [19] (**en**)
- Référence NCBI : *Anas clypeata* [20] (**en**)

Liens externes

- Référence Oiseaux.net : *Anas clypeata* [21] (+ répartition [22]) (**fr**)
- (**fr**) Le canard souchet [23], *L'animal du mois*, Office national de la chasse et de la faune sauvage
- Référence UICN : espèce *Anas clypeata* Linnaeus, 1758 [24] (**en**)
- Référence CITES : espèce *Anas clypeata* Linnaeus, 1758 [25] (+ répartition [26]) (sur le site de l'UNEP-WCMC) (**fr+en**)* Référence Fonds documentaire ARKive [27] : *Anas clypeata* [28] (**en**)
- Vidéo de Canards souchets filmés en Baie de Somme et dans le Bassin d'Arcachon [29] (**fr+en**)

Notes et références

[1] (L'animal du mois, ONCFS (2004))
[2] (ADW 2007)
[3] Todd, F. 1979. Waterfowl, Ducks, Geese, and Swans of the World. Seaworld Inc.
[4] (Oiseau.net 2008)
[5] Wetlands International 2002
[6] (UICN 2002)
[7] Annex 2: Waterbird species to which the Agreement applies (http://www.unep-aewa.org/documents/agreement_text/eng/pdf/aewa_agreement_text_annex2.pdf), *Agreement on the conservation of African-Eurasian migratory Waterbirds (AEWA)*, AEWA. Consulté le 13 01 2008
[8] Définitions lexicographiques (http://www.cnrtl.fr/lexicographie/souchet) et étymologiques (http://www.cnrtl.fr/etymologie/souchet) de « souchet » du TLFi, sur le site du CNRTL.
[9] (**la**) Linnaeus, C, Systema naturae per regna tria naturae, secundum classes, ordines, genera, species, cum characteribus, differentiis, synonymis, locis. Tomus I. Editio A. rostri extremo dilatato rotundato, ongue incurvo. decima, reformata.. Holmiae. (Laurentii Salvii)., 124. "A. macula alarum rufa nigra alba..", 1758
[10] Antoine Jacques Louis Jourdan, dictionnaire des termes usités dans les Sciences naturelles, J.-B. Baillière, 1834
[11] (**fr**) Louchart, Antoine; Mourer-Chauviré, Cécile; Guleç, Erksin; Howell, Francis Clark & White, Tim D., L'avifaune de Dursunlu, Turquie, Pléistocène inférieur: climat, environnement et biogéographie, 1998, 341-346 p. DOI: 10.1016/S1251-8050(98)80053-0 (http://dx.doi.org/10.1016/S1251-8050(98)80053-0)
[12] http://www.zoonomen.net/avtax/anse.html"Anas
[13] http://www.bsc-eoc.org/avibase
[14] http://www.bsc-eoc.org/avibase/species.jsp?pg=summary&lang=FR&id=ADAB7E5F6DE9A187&ts=1170708050314
[15] http://www.bsc-eoc.org/avibase/species.jsp?sec=map&lang=FR&id=ADAB7E5F6DE9A187&ts=1170708050314
[16] http://www.faunaeur.org/full_results.php?id=96507
[17] http://www.cbif.gc.ca/pls/itisca/next?taxa=&p_format=&p_ifx=&p_lang=fr&v_tsn=175096
[18] http://www.itis.gov/servlet/SingleRpt/SingleRpt?search_topic=TSN&search_value=175096
[19] http://animaldiversity.ummz.umich.edu/site/accounts/information/Anas_clypeata.html
[20] http://www.ncbi.nlm.nih.gov/Taxonomy/Browser/wwwtax.cgi?lin=s&p=has_linkout&id=75838
[21] http://www.oiseaux.net/oiseaux/canard.souchet.html
[22] http://www.oiseaux.net/oiseaux/distribution/canard.souchet.html
[23] http://www.oncfs.gouv.fr/events/animois/2004/ss_rub68.php
[24] http://www.iucnredlist.org/apps/redlist/details/141517
[25] http://www.unep-wcmc-apps.org/isdb/CITES/Taxonomy/tax-species-result.cfm?Genus=Anas&Species=clypeata&source=animals&displaylanguage=fra&tabname=legal

[26] http://www.unep-wcmc-apps.org/isdb/CITES/Taxonomy/tax-species-result.cfm?Genus=Anas&Species=clypeata&source=animals&displaylanguage=fra&tabname=distribution
[27] http://www.arkive.org/
[28] http://www.arkive.org/species/ARK/birds/Anas_clypeata/
[29] http://exposureroom.com/members/oiseauxdeurope.aspx/assets//c76bdd61f15d4fa192eab73bfa18331f/

Foulque macroule

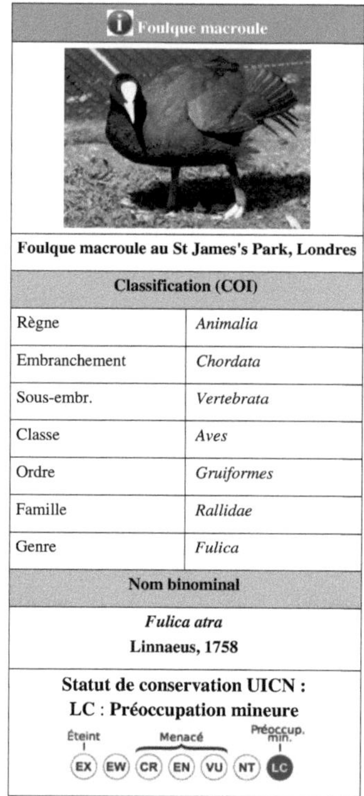

Foulque macroule	
Foulque macroule au St James's Park, Londres	
Classification (COI)	
Règne	*Animalia*
Embranchement	*Chordata*
Sous-embr.	*Vertebrata*
Classe	*Aves*
Ordre	*Gruiformes*
Famille	*Rallidae*
Genre	*Fulica*
Nom binominal	
Fulica atra **Linnaeus, 1758**	
Statut de conservation UICN : LC : Préoccupation mineure	

La **Foulque macroule** (***Fulica atra***) autrefois aussi nommée « *Morelle* » selon Buffon[1], en raison de sa couleur noire, fait partie des Rallidae : foulques, râles et marouettes. Les foulques, excellents plongeurs, représentent parmi les membres de cette famille ceux qui semblent les plus adaptés à la vie aquatique.

Détail d'une tête de foulque (sur son nid, en Belgique)

Ils sont grégaires sur les étendues d'eau en hiver. Migrateurs partiels, au vol d'apparence laborieuse, ils nichent dans les roselières et/ou parmi les plantes palustres.

Comme la poule d'eau qui occupe la même niche écologique et avec laquelle il cohabite souvent dans les zones humides anthropisées, voilà un oiseau qui - là où il n'est pas chassé - peut devenir très familier de l'homme ; on peut alors l'observer se nourrir sans qu'il soit effarouché... Il peut nicher près des habitations, voire dans les ports.

Colonie de foulques (Domaine Solvay) à La Hulpe.

Description

Fichier audio
Appel du Foulque macroule *(info)*
Des problèmes pour écouter le fichier ?

C'est un palmipède au corps arrondi ; la plupart des spécimens arborent un plumage presque entièrement noir.

La foulque - souvent confondue avec la poule d'eau un peu plus petite à l'âge adulte - s'en distingue par ses pattes verdâtres aux longs doigts palmés, un bec blanc surmonté d'une plaque frontale (ou *écusson*) également blanche, des yeux ronds et rouges et des rémiges secondaires bordées de blanc.

Elle plonge souvent et habilement pour chercher sa nourriture et nage lentement, avec un hochement caractéristique de la tête. Elle défend son territoire et en chasse les intrus.

Chant : plutôt de nuit ou lors de ses vols au printemps ; son répertoire inclut une sorte de bref éternuement[2].

Alimentation : Son régime est omnivore à forte tendance végétarienne. Il va chercher sa nourriture jusqu'à 2, voire 4 à 5 m de profondeur.

Habitat, répartition

Cet oiseau vit et niche dans les berges de cours d'eau et dans presque tous les types de zones humides (hors tourbières acides). On le trouve occasionnellement sur des eaux saumâtres ou salées (baies de faible profondeur). Très cosmopolite, il est présent en Asie, Europe, Afrique du Nord, Océanie et Amérique du nord.

Ses deux plus importants sites d'hivernage en France demeurent la Camargue et le lac du Bourget (un peu plus 10 000 foulques y sont recensés chaque année).

Reproduction

Comme la poule d'eau, la foulque construit généralement un nid de branchages et matières végétales, posé sur une souche ou des végétaux à la surface de l'eau, souvent à faible profondeur et bien visible. Le nid peut être renforcé et surélevé si l'eau ne monte pas trop rapidement.

La femelle pond de 5 à 9 œufs blanc cassé brillant légèrement mouchetés (plus volumineux et plus clairs que ceux de la poule d'eau). L'incubation dure un peu plus de 21 jours et les poussins sortent souvent de l'œuf sur plusieurs jours, fin avril pour les premières portées (d'autres pouvant suivre en cas de perte des petits)- jusqu'en fin juillet. Les jeunes quittent le nid après quelques jours, encadrés en sous-groupes par les deux parents. La femelle niche avec une moitié de la portée alors que le mâle construit une nouvelle plate-forme pour les poussins qu'il élève. Les jeunes mangent de manière autonome après 4 semaines. Il leur faut encore 4 semaines avant de pouvoir voler. Les jeunes ont une tête et un bec rouge à la naissance.

Galerie

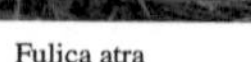

Fulica atra

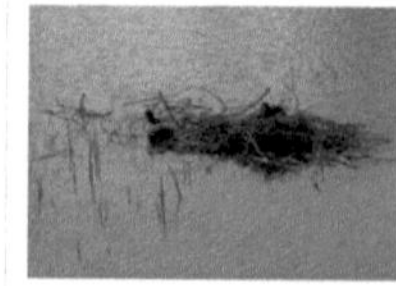

Fulica atra on nest

Foulque au nid

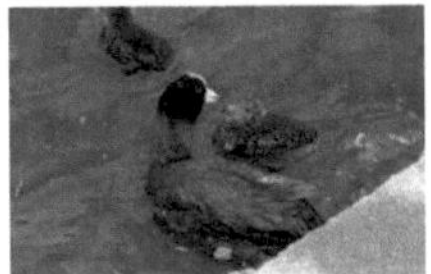

Foulque, Amsterdam

Articles connexes

- Foulque

Notes et références

[1] Le Foulque vu par Buffon (http://www.oiseaux.net/buffon/tome8/foulque.html) (par Oiseau.net)
[2] Cd (chants enregistrés) « Tous les Oiseaux d'Europe » de Jean C. Roché, Ed : Sittelle.

Liens externes

- Référence Alan P. Peterson : atra *dans Gruiformes* (http://www.zoonomen.net/avtax/grui.html"Fulica) **(en)**
- Référence Avibase (http://www.bsc-eoc.org/avibase) : *Fulica atra* (http://www.bsc-eoc.org/avibase/species.jsp?pg=summary&lang=FR&id=EBEC672375286D01&ts=1163929818027) (+ répartition (http://www.bsc-eoc.org/avibase/species.jsp?sec=map&lang=FR&id=EBEC672375286D01&ts=1163929818027)) **(fr+en)**
- Référence Oiseaux.net : *Fulica atra* (http://www.oiseaux.net/oiseaux/foulque.macroule.html) (+ répartition (http://www.oiseaux.net/oiseaux/distribution/foulque.macroule.html)) **(fr)**
- Référence Fauna Europaea : *Fulica atra* (http://www.faunaeur.org/full_results.php?id=96786) **(en)**
- Référence ITIS : *Fulica atra* Linnaeus, 1758 (http://www.cbif.gc.ca/pls/itisca/next?taxa=&p_format=&p_ifx=&p_lang=fr&v_tsn=176290) **(fr)** (+ version anglaise (http://www.itis.gov/servlet/SingleRpt/SingleRpt?search_topic=TSN&search_value=176290) **(en)**)
- Référence Animal Diversity Web : *Fulica atra* (http://animaldiversity.ummz.umich.edu/site/accounts/information/Fulica_atra.html) **(en)**
- Référence NCBI : *Fulica atra* (http://www.ncbi.nlm.nih.gov/Taxonomy/Browser/wwwtax.cgi?lin=s&p=has_linkout&id=9121) **(en)**
- Référence UICN : espèce *Fulica atra* Linnaeus, 1758 (http://www.iucnredlist.org/apps/redlist/details/143926) **(en)**
- Référence Fonds documentaire ARKive (http://www.arkive.org/) : *Fulica atra* (http://www.arkive.org/species/ARK/birds/Fulica_atra/) **(en)**
- **[image]** galerie de photos (http://www.photo-blouet.com/igalerie/?alb=13)

Article Sources and Contributors

Hamoun-e Puzak *Source*: http://fr.wikipedia.org/w/index.php?title=Hamoun-e_Puzak *Contributors*: Alvaro, Fabienkhan, Gz260, Jdresse, Mbenoist, Philippe rogez, مانی

Eau douce *Source*: http://fr.wikipedia.org/w/index.php?title=Eau_douce *Contributors*: Abracadabra, Artichaut, Barbaking, Djeedjee, Edhral, Eiffele, Electhor33, Enzino, Epsilon0, Fabwash, Fafnir, GaMip, Hiseemarine, Inisheer, JB, Jdresse, Jflm, Ji-Elle, Jokerson, Joscquin, Lamiot, Laurent Nguyen, Litlok, Lomita, MathsPoetry, Medium69, Nodulation, Oxo, Palamède, Papillus, Paternel 1, Pixeltoo, Poulpy, Restefond, Rune Obash, Salix, Thesupermat, Treehill, Vincnet, VonTasha, 33 anonymous edits

Afghanistan *Source*: http://fr.wikipedia.org/w/index.php?title=Afghanistan *Contributors*: (:Julien:), AElfwine, AMeeeeN, ASAH, Abaddon1337, Abdessamed-88, Adn, Aebrahimie, Afghanwarrior, Ahbon?, Alex, Algorab8040, Althiphika, Alvaro, Ange Gabriel, Apollofox, Aramis, Archeos, Archidoxe, Arturo 333, Atilin, Ayadho, Aziiia-tello, Badmood, Bapti, Baronnet, Bastien Sens-Méyé, Bayo, Bdarteve, BeatrixBelibaste, Bertol, Betp, Bluefairyturnedred, Bob08, Bombastus, Bournix, Brahim-59, Brc, Buisson, Buzz, CR, Carpenter, Ccmpg, Cdang, Centuri, Chaoborus, ChloeD, Chris93, Chrono1084, Chrysostomus, Cldany, Cne Romain, CommonsDelinker, Coyau, Coyote du 86, Criiss, Croquant, Cymbella, Cyril-83, DDPAlphaTiger1, Daniel*D, Darkoneko, David Berardan, Davidididlit, Daxterminator, Dekaboul, Didiervberghe, DocteurCosmos, DorisAntony, Dorronsoro, Dr. Egalitarian, Dxerty, EDUCA33E, Edhral, Ediacara, Electionworld, Elfast, Elfix, Emericpro, Entouane1, Environnement2100, Erba, Escaladix, Eskaybe, EyOne, Fabant, Fabienkhan, Fafnir, Fahd.Walid, FargomeD, Fcarcena01, Feanor90, Ferni2, Fphilibert, GOUCHENE, Garandel, Garfieldairlines, Ghiardini, Goku, Gonioul, Grondilu, Grondin, Guillaume70, Gukguukk28, Gz260, Haryou, Hashar, Hbbk, Hercule, Hetmanber, Hudicourt, Hégésippe Cormier, IAlex, Iafss, Idodesuke, Ileautresor, Inisheer, Isaac Sanolnacov, Iznogood, JLM, Jay Zuchry, Jdresse, Jean de la Tour du Pin, Jean-Jacques Georges, JeanBono, Jeanot, Jef-Infojef, Jeppiz, Jereemy, Jerome66, Jfelicien, Jim2k, Jlpeter, JmCor, Jotun, JujuTh, Jul.H, Jules78120, Jérôme6210, Kanabiz, Kassus, Katapulpe, Kelam, Kelson, Kihyom, Kilith, Kimdime, Koxinga, Koyuki, L'amateur d'aéroplanes, LD, Laff, LairepoNite, Le gorille, Leandrod, Lefort, Lgd, Licorne37, Lilyu, Linan, Linguiste, Litlok, Lomita, Long John Silver, Looxix, Lozère, Ludo33, Ludovic89, MagnetiK, Maiido, Mandrak, Marc, Marc Mongenet, Marc4432, Marc44324, Marcos Elias de Oliveira Júnior, Marioguillaumeneuf, Mathieuw, Maurice07, Mayréna, Mbenoist, Med, Mike Coppolano, Mikoian, Mirgolth, Moez, Mogador, MontseBL, Mortfyn, Moulins, Moumousse13, Moyogo, Mr Hart, Mr Patate, Muganga Guillaume, Mutatis mutandis, Mwarf, NassWiki, Nataraja, Ncd99, Necrid Master, Noel.guillet, Nono64, Nostradamus, Nouill, Oblic, Oddskool, Olivier, Olivier daris Porte, Ollamh, Online-gva, Ordifana75, Orlodrim, Orthogaffe, Ouille57, Panoramix, Parmentier, Pascal JALLAIS, Patrick Rogel, Patrick.charpiat, Pautard, Penjo, Peter17, Phe, Piku, Pixeltoo, Pj44300, Pmx, Polmars, Pom445, Popolon, Poppy, Poulpy, Pradigue, Prof75, Pwet-pwet, R, Raaage, Racconish, Rafehm, Reclame, Restefond, Rhadamante, Rob1bureau, Rocastelo, Roda, Romanc19s, Romanm, Ryo, Rémih, Sailia, Saltassine, Salvington, Sam Hocevar, Sanao, Sand, Sbrunner, Seb951, Sebb, Sebleouf, Serein, Serged, Sergentfrancis, Sevenstones, Shaihulud, Sherbrooke, Sisqi, Skouratov, Soig, Sorpasso, Souris2002, Speculos, Spray&Pray, Spundun, Ste281, Stéphane33, Suisui, THA-Zp, Tavernier, Teqoah, TheContrib8, Thedreamstree, Theon, TiChou, ToonLinkHox, Torgani, Toto Azéro, Tristan Liardon, Urban, Valérie75, Vanilmelde, Vargenau, Villemartin, Vive la Rosière, Vlaam, VonTasha, Wanderer999, Weft, Wiki-User03, Xofc, Yahia1, Yann, Yasmine7895123, Yoha, Yvan23, Zetud, Zonemath, Zubro, proxy-4v.club-internet.fr, script de conversion, 522 anonymous edits

Seistan-o-Balouchestan *Source*: http://fr.wikipedia.org/w/index.php?title=Seistan-o-Balouchestan *Contributors*: Ahbon?, Apfelstrudel, Badmood, Bob08, EDUCA33E, Elpiaf, Fabant, Fabienkhan, Jef-Infojef, Kolossus, La Reine d'Angleterre, Linguiste, Litlok, Mbenoist, Phe, Polmars, Poulpy, Rémih, Stéphane33, Ugo14, Wanderer999, Yvan23, 4 anonymous edits

Convention de Ramsar *Source*: http://fr.wikipedia.org/w/index.php?title=Convention_de_Ramsar *Contributors*: ADM, Astirmays, Azzopardi, Bab83, Bbullot, BIR33, Bob08, Boréal, Bp04, BrentS, Cehagenmerak, Defrenrokorit, Dhatier, Dirac, Durablement, Eiffele, Elapied, Fabienkhan, Fouziks, Fralambert, Frenchinmorocco, GL, Goliadkine, Gui, Gzzz, HB, Hayastan07, Iznogood, Jdresse, Jef-Infojef, Ji-Elle, Lamiot, Litlok, Looxix, MHM55, Marc Mongenet, Mbenoist, Med, Moumou82, Moyogo, Necrid Master, Nono64, Orthogaffe, Orthomaniaque, Oxam Hartog, Pagir, Passoa15, Pfinge, Philippe rogez, Pierre Bona, Pixeltoo, Ploum's, Pmx, Pok148, Poulpy, Raoul75, Red Castle, Romano1246, Rémih, Sdwiki, Sfrancois, Smiley, Stéphane33, Taguelmoust, TheContrib8, Trabelsiismail, Ugo14, Vargenau, Vincnet, 24 anonymous edits

Hindou Kouch *Source*: http://fr.wikipedia.org/w/index.php?title=Hindou_Kouch *Contributors*: Aadri, Baronnet, Bibi Saint-Pol, Edhral, Fabant, GL, Gemini1980, Guillaume70, Guy999, GôTô, Jerome66, Linguiste, Litlok, Lmaltier, Lucas thierry, Nataraja, Necrid Master, Oblic, Ordifana75, P'tit Ju, Playtime, Poppy, Poulos, Rémih, Thontep, Vol de nuit, Yvan23, 4 anonymous edits

Khach (rivière) *Source*: http://fr.wikipedia.org/w/index.php?title=Khach_%28rivi%C3%A8re%29 *Contributors*: Jdresse, Philippe rogez, Richardbl, Sardur, Varmin, Vlaam

Helmand (rivière) *Source*: http://fr.wikipedia.org/w/index.php?title=Helmand_%28rivi%C3%A8re%29 *Contributors*: Badmood, Ehsan, Fabienkhan, Gzen92, Jdresse, Jonathan1, Mbenoist, Nupar, Philippe rogez, Piku, Racconish, 2 anonymous edits

Grand Cormoran *Source*: http://fr.wikipedia.org/w/index.php?title=Grand_Cormoran *Contributors*: Aaasoo, Archimëa, Belladonna2, Berichard, Bob08, Cephas, CharlesWoeste, Chmlal, En rouge, François SUEUR, HB, Jeffdelonge, JohnD, Jymm, Kelson, Kerva, Kmoksy, Lamiot, Larus, Laurent Nguyen, Linél, Masterdeis, Nouill, Oliricha, Panellet, Pautard, Penjo, Pfinge, Plyd, PurpleHz, Seiurus, Sherbrooke, Sum, Totodu74, Trace, Valérie75, Vberger, VonTasha, Woww, Xavier Mugnier, Zetud, 16 anonymous edits

Canard souchet *Source*: http://fr.wikipedia.org/w/index.php?title=Canard_souchet *Contributors*: AntonyB, Arnaudh, Berichard, Cantons-de-l'Est, Coyote du 86, Dhatier, DonCamillo, En rouge, Erasmus, François SUEUR, Givet, Guillaume PR, Jastrow, Jeanboyer, Jeffdelonge, Kelson, Kmoksy, Larus, Linél, Michel BUZE, Murtasa, Naddy, NicoV, Ollamh, Plbcr, Poleta33, PurpleHz, Spendios, Tognopop, Totodu74, Valérie75, Vincnet, VonTasha, Woww, 17 anonymous edits

Foulque macroule *Source*: http://fr.wikipedia.org/w/index.php?title=Foulque_macroule *Contributors*: Alvaro, AntonyB, Ash Crow, Badmood, Bloublou, Chaoborus, CommonsDelinker, Didier, Eiffele, En rouge, Erasmus, Fafnir, Hemmer, Jean-Pol GRANDMONT, Jef-Infojef, Jeffdelonge, Jmax, Lamiot, Linél, Lviatour, Mirgolth, Olaf2, Orthogaffe, Palica, Scrabble, Semnoz, Svtiste, Tarquin, Totodu74, Valérie75, Vincnet, VonTasha, Webrunner, Zetud, 16 anonymous edits

Image Sources, Licenses and Contributors

Fichier:Hamoun.jpg *Source*: http://fr.wikipedia.org/w/index.php?title=Fichier:Hamoun.jpg *License*: Public Domain *Contributors*: Sieger

Fichier:Flag of Afghanistan.svg *Source*: http://fr.wikipedia.org/w/index.php?title=Fichier:Flag_of_Afghanistan.svg *License*: Public Domain *Contributors*: User:Zscout370

Fichier:Flag of Iran.svg *Source*: http://fr.wikipedia.org/w/index.php?title=Fichier:Flag_of_Iran.svg *License*: Public Domain *Contributors*: Various

Fichier:Iran relief location map.jpg *Source*: http://fr.wikipedia.org/w/index.php?title=Fichier:Iran_relief_location_map.jpg *License*: Creative Commons Attribution-Sharealike 3.0 *Contributors*: Uwe Dedering

Image:Calidris-pusilla-001.jpg *Source*: http://fr.wikipedia.org/w/index.php?title=Fichier:Calidris-pusilla-001.jpg *License*: Creative Commons Attribution-ShareAlike 3.0 Unported *Contributors*: Linél, Ltshears, Mdf

Image:Black-headed Gull - St James's Park, London - Nov 2006.jpg *Source*: http://fr.wikipedia.org/w/index.php?title=Fichier:Black-headed_Gull_-_St_James's_Park,_London_-_Nov_2006.jpg *License*: Creative Commons Attribution-Sharealike 3.0 *Contributors*: Diliff

image:OspreyNASA.jpg *Source*: http://fr.wikipedia.org/w/index.php?title=Fichier:OspreyNASA.jpg *License*: Public Domain *Contributors*: NASA

Image:Disponibilite eau douce carte 2000.png *Source*: http://fr.wikipedia.org/w/index.php?title=Fichier:Disponibilite_eau_douce_carte_2000.png *License*: Free Art License *Contributors*: Original uploader was Pixeltoo at fr.wikipedia

Image:Flag of Afghanistan.svg *Source*: http://fr.wikipedia.org/w/index.php?title=Fichier:Flag_of_Afghanistan.svg *License*: Public Domain *Contributors*: User:Zscout370

Image:Afghanistan COA Transparent.svg *Source*: http://fr.wikipedia.org/w/index.php?title=Fichier:Afghanistan_COA_Transparent.svg *License*: Public Domain *Contributors*: Ichwan Palongengi

Image:Afghanistan in its region.svg *Source*: http://fr.wikipedia.org/w/index.php?title=Fichier:Afghanistan_in_its_region.svg *License*: Creative Commons Attribution-Sharealike 3.0 *Contributors*: TUBS

Fichier:Afgempdur.jpg *Source*: http://fr.wikipedia.org/w/index.php?title=Fichier:Afgempdur.jpg *License*: Public Domain *Contributors*: Sayyed Ahmad Chekeb Hossainy Qods'Allah

Fichier:Evstafiev-afghan-apc-passes-russian.jpg *Source*: http://fr.wikipedia.org/w/index.php?title=Fichier:Evstafiev-afghan-apc-passes-russian.jpg *License*: Creative Commons Attribution-Sharealike 2.5 *Contributors*: Mikhail Evstafiev

File:Beau 026.jpg *Source*: http://fr.wikipedia.org/w/index.php?title=Fichier:Beau_026.jpg *License*: Creative Commons Attribution-Sharealike 3.0 *Contributors*: User:Patrick.charpiat

Fichier:1996afghan.png *Source*: http://fr.wikipedia.org/w/index.php?title=Fichier:1996afghan.png *License*: GNU Free Documentation License *Contributors*: Antemister, Officer, Shoegazer, Sommerkom, Zaccarias

Image:Northernalliance2002 crop.jpg *Source*: http://fr.wikipedia.org/w/index.php?title=Fichier:Northernalliance2002_crop.jpg *License*: Public Domain *Contributors*: Phc Johnny Bivera, USN

Image:Cougar Afghanistan.JPG *Source*: http://fr.wikipedia.org/w/index.php?title=Fichier:Cougar_Afghanistan.JPG *License*: Public Domain *Contributors*: davric

Image:American and Afghan military police visit a remote village.jpg *Source*: http://fr.wikipedia.org/w/index.php?title=Fichier:American_and_Afghan_military_police_visit_a_remote_village.jpg *License*: Public Domain *Contributors*: William Townsend, U.S. Navy Petty Officer

Fichier:Kabul TV Hill view.jpg *Source*: http://fr.wikipedia.org/w/index.php?title=Fichier:Kabul_TV_Hill_view.jpg *License*: Creative Commons Attribution-Sharealike 3.0 *Contributors*: Sven Dirks, Wien

Image:Inauguration of President Hamid Karzai in December 2004.jpg *Source*: http://fr.wikipedia.org/w/index.php?title=Fichier:Inauguration_of_President_Hamid_Karzai_in_December_2004.jpg *License*: Public Domain *Contributors*: U.S. Air Force Master Sgt. James M. Bowman

Fichier:Afghanistan34Provinces-french numbering.png *Source*: http://fr.wikipedia.org/w/index.php?title=Fichier:Afghanistan34Provinces-french_numbering.png *License*: GNU Free Documentation License *Contributors*: En rouge, Lokal Profil, McZusatz

Fichier:Carte de l'Afghanistan FR.png *Source*: http://fr.wikipedia.org/w/index.php?title=Fichier:Carte_de_l'Afghanistan_FR.png *License*: Public Domain *Contributors*: Hégésippe Cormier, Sting

File:Beau 027.jpg *Source*: http://fr.wikipedia.org/w/index.php?title=Fichier:Beau_027.jpg *License*: Creative Commons Attribution-Sharealike 3.0 *Contributors*: User:Patrick.charpiat

Fichier:Afghanistan demography.svg *Source*: http://fr.wikipedia.org/w/index.php?title=Fichier:Afghanistan_demography.svg *License*: Creative Commons Attribution 2.0 *Contributors*: Delimata, Officer, Valérie75, Zaccarias

Fichier:Afghanistan Ethnolinguistic Groups 1997.jpg *Source*: http://fr.wikipedia.org/w/index.php?title=Fichier:Afghanistan_Ethnolinguistic_Groups_1997.jpg *License*: Public Domain *Contributors*: U.S. Central Intelligence Agency

Image:IranSistanBaluchistan.png *Source*: http://fr.wikipedia.org/w/index.php?title=Fichier:IranSistanBaluchistan.png *License*: GNU Free Documentation License *Contributors*: Amin19850, Fabienkhan, M samadi, Roozbeh, Shauni

Image:Ghaleh naseri.jpg *Source*: http://fr.wikipedia.org/w/index.php?title=Fichier:Ghaleh_naseri.jpg *License*: GNU Free Documentation License *Contributors*: Nightryder84

Image:Sab fort.jpg *Source*: http://fr.wikipedia.org/w/index.php?title=Fichier:Sab_fort.jpg *License*: GNU Free Documentation License *Contributors*: Nightryder84

Image:Chabahar coast.jpg *Source*: http://fr.wikipedia.org/w/index.php?title=Fichier:Chabahar_coast.jpg *License*: GNU Free Documentation License *Contributors*: Nightryder84

Fichier:RAMSAR-logo.gif *Source*: http://fr.wikipedia.org/w/index.php?title=Fichier:RAMSAR-logo.gif *License*: Public Domain *Contributors*: Ramsar

Fichier:Hindu-Kush-Range.png *Source*: http://fr.wikipedia.org/w/index.php?title=Fichier:Hindu-Kush-Range.png *License*: Creative Commons Attribution-Sharealike 3.0,2.5,2.0,1.0 *Contributors*: Sadalmelik

Fichier:Flag of Pakistan.svg *Source*: http://fr.wikipedia.org/w/index.php?title=Fichier:Flag_of_Pakistan.svg *License*: Public Domain *Contributors*: Zscout370

Fichier:Defaut.svg *Source*: http://fr.wikipedia.org/w/index.php?title=Fichier:Defaut.svg *License*: Public Domain *Contributors*: User Solensean on fr.wikipedia

image:Helmand River Basin Sub.png *Source*: http://fr.wikipedia.org/w/index.php?title=Fichier:Helmand_River_Basin_Sub.png *License*: Public Domain *Contributors*: Original uploader was Pmtlgdm at en.wikipedia

Fichier:AfghanistanHelmandKajakaiDamm.jpg *Source*: http://fr.wikipedia.org/w/index.php?title=Fichier:AfghanistanHelmandKajakaiDamm.jpg *License*: Public Domain *Contributors*: Military staff

Image:Grishk Dam in Helmand.jpg *Source*: http://fr.wikipedia.org/w/index.php?title=Fichier:Grishk_Dam_in_Helmand.jpg *License*: Public Domain *Contributors*: U.S. Military staff

Image:Hamoun.jpg *Source*: http://fr.wikipedia.org/w/index.php?title=Fichier:Hamoun.jpg *License*: Public Domain *Contributors*: Sieger

image:Mosque in Lashkar Gah.jpg *Source*: http://fr.wikipedia.org/w/index.php?title=Fichier:Mosque_in_Lashkar_Gah.jpg *License*: Public Domain *Contributors*: U.S. Military staff

image:View Of Sangin Valley In Helmand.jpg *Source*: http://fr.wikipedia.org/w/index.php?title=Fichier:View_Of_Sangin_Valley_In_Helmand.jpg *License*: Creative Commons Attribution 2.0 *Contributors*: Olly Lambert from London, England

Image:Gtk-dialog-info.svg *Source*: http://fr.wikipedia.org/w/index.php?title=Fichier:Gtk-dialog-info.svg *License*: GNU Lesser General Public License *Contributors*: David Vignoni

Image:Phalacrocorax carbo Vic.jpg *Source*: http://fr.wikipedia.org/w/index.php?title=Fichier:Phalacrocorax_carbo_Vic.jpg *License*: Creative Commons Attribution-Sharealike 3.0 *Contributors*: JJ Harrison (http://www.noodlesnacks.com/)

Image:Status iucn3.1 LC-fr.svg *Source*: http://fr.wikipedia.org/w/index.php?title=Fichier:Status_iucn3.1_LC-fr.svg *License*: unknown *Contributors*: Kelson

Fichier:Phalacrocorax carbo02.jpg *Source*: http://fr.wikipedia.org/w/index.php?title=Fichier:Phalacrocorax_carbo02.jpg *License*: GNU Free Documentation License *Contributors*: FrankDrebin

File:Phalacrocorax carboLilleDeûle.JPG *Source*: http://fr.wikipedia.org/w/index.php?title=Fichier:Phalacrocorax_carboLilleDeûle.JPG *License*: Creative Commons Attribution-Sharealike 3.0 *Contributors*: User:Lamiot

Fichier:Lithuania Juodkrante Great Cormorant colony 1.jpg *Source*: http://fr.wikipedia.org/w/index.php?title=Fichier:Lithuania_Juodkrante_Great_Cormorant_colony_1.jpg *License*: Creative Commons Attribution-ShareAlike 3.0 Unported *Contributors*: Wojsyl

Image:Great Cormorant I2-Bharatpur IMG 8515.jpg *Source*: http://fr.wikipedia.org/w/index.php?title=Fichier:Great_Cormorant_I2-Bharatpur_IMG_8515.jpg *License*: Creative Commons Attribution-Sharealike 3.0 *Contributors*: J.M.Garg

Image:Great Cormorants (Phalacrocorax carbo) W IMG 3361.jpg *Source*: http://fr.wikipedia.org/w/index.php?title=Fichier:Great_Cormorants_(Phalacrocorax_carbo)_W_IMG_3361.jpg *License*: Creative Commons Attribution-Sharealike 3.0 *Contributors*: J.M.Garg

Image:Great_cormorant_Phalacrocorax_carbo_7.jpg *Source*: http://fr.wikipedia.org/w/index.php?title=Fichier:Great_cormorant_Phalacrocorax_carbo_7.jpg *License*: GNU Free Documentation License *Contributors*: Original uploader was Mfunnell at en.wikipedia

Image:Great Cormorant flight Bowra Mar08.JPG *Source*: http://fr.wikipedia.org/w/index.php?title=Fichier:Great_Cormorant_flight_Bowra_Mar08.JPG *License*: Creative Commons Attribution-Sharealike 3.0 *Contributors*: Aviceda

Image:Great Cormorant I IMG 9243.jpg *Source*: http://fr.wikipedia.org/w/index.php?title=Fichier:Great_Cormorant_I_IMG_9243.jpg *License*: Creative Commons Attribution-Sharealike 3.0 *Contributors*: J.M.Garg

Image:Great Cormorant (Immature) I3 IMG 7240.jpg *Source*: http://fr.wikipedia.org/w/index.php?title=Fichier:Great_Cormorant_(Immature)_I3_IMG_7240.jpg *License*: Creative Commons Attribution-Sharealike 3.0 *Contributors*: J.M.Garg

Image:Great Cormorant Mai Po.jpg *Source*: http://fr.wikipedia.org/w/index.php?title=Fichier:Great_Cormorant_Mai_Po.jpg *License*: Public Domain *Contributors*: Original uploader was Hkchan123 at en.wikipedia

Image:Grand_Cormoran.jpg *Source*: http://fr.wikipedia.org/w/index.php?title=Fichier:Grand_Cormoran.jpg *License*: Creative Commons Attribution-Sharealike 3.0,2.5,2.0,1.0 *Contributors*: Oliricha

Image:Great_Cormarant_AE.JPG *Source*: http://fr.wikipedia.org/w/index.php?title=Fichier:Great_Cormarant_AE.JPG *License*: Creative Commons Attribution-Sharealike 3.0 *Contributors*: Sjahanmi

Image:Northern Shoveler Anas clypeata.jpg *Source*: http://fr.wikipedia.org/w/index.php?title=Fichier:Northern_Shoveler_Anas_clypeata.jpg *License*: Creative Commons Attribution-Sharealike 2.5 *Contributors*: Andreas Trepte

Image:Cites III.svg *Source*: http://fr.wikipedia.org/w/index.php?title=Fichier:Cites_III.svg *License*: Public Domain *Contributors*: -Strogoff-, Moipaulochon, Sarang

Image:Anas clypeata dis.PNG *Source*: http://fr.wikipedia.org/w/index.php?title=Fichier:Anas_clypeata_dis.PNG *License*: Creative Commons Attribution-ShareAlike 3.0 Unported *Contributors*: Dysmorodrepanis, Engineer111, MPF

Fichier:Anas clypeata 03538.JPG *Source*: http://fr.wikipedia.org/w/index.php?title=Fichier:Anas_clypeata_03538.JPG *License*: Creative Commons Attribution-ShareAlike 3.0 Unported *Contributors*: Walter Siegmund

Fichier:Anas clypeata 04610.JPG *Source*: http://fr.wikipedia.org/w/index.php?title=Fichier:Anas_clypeata_04610.JPG *License*: Creative Commons Attribution-ShareAlike 3.0 Unported *Contributors*: Walter Siegmund

Image:eurasian.coot.london.arp.jpg *Source*: http://fr.wikipedia.org/w/index.php?title=Fichier:Eurasian.coot.london.arp.jpg *License*: Public Domain *Contributors*: Arpingstone, Tony Wills, Wst, Yarl

Fichier:Fulica atra Luc Viatour.jpg *Source*: http://fr.wikipedia.org/w/index.php?title=Fichier:Fulica_atra_Luc_Viatour.jpg *License*: Creative Commons Attribution-ShareAlike 3.0 Unported *Contributors*: Luc Viatour

Fichier:La Hulpe 051130 (8).JPG *Source*: http://fr.wikipedia.org/w/index.php?title=Fichier:La_Hulpe_051130_(8).JPG *License*: Creative Commons Attribution 3.0 *Contributors*: Jean-Pol GRANDMONT

Image:Circle question mark.png *Source*: http://fr.wikipedia.org/w/index.php?title=Fichier:Circle_question_mark.png *License*: Public Domain *Contributors*: Benoit Rochon

Image:Teichhuhn1 db.jpg *Source*: http://fr.wikipedia.org/w/index.php?title=Fichier:Teichhuhn1_db.jpg *License*: GNU Free Documentation License *Contributors*: Dickbauch, JerryFriedman, Kersti Nebelsiek, Smartneddy, Tony Wills, 1 anonymous edits

Image:Fulica_atra_(Marek_Szczepanek).jpg *Source*: http://fr.wikipedia.org/w/index.php?title=Fichier:Fulica_atra_(Marek_Szczepanek).jpg *License*: GNU Free Documentation License *Contributors*: Marek Szczepanek

Image:Fulica_atra_on_nest.jpg *Source*: http://fr.wikipedia.org/w/index.php?title=Fichier:Fulica_atra_on_nest.jpg *License*: GNU Free Documentation License *Contributors*: Evanherk, Joolz, Kersti Nebelsiek, Tony Wills

Image:Fulica atra (Marek Szczepanek).jpg *Source*: http://fr.wikipedia.org/w/index.php?title=Fichier:Fulica_atra_(Marek_Szczepanek).jpg *License*: GNU Free Documentation License *Contributors*: Marek Szczepanek

Image:20050507-007-fulica-atra.jpg *Source*: http://fr.wikipedia.org/w/index.php?title=Fichier:20050507-007-fulica-atra.jpg *License*: Creative Commons Zero *Contributors*: Gary Houston Ghouston 19:11, 1 Jun 2005 (UTC)

Image:Fulica_atra.jpg *Source*: http://fr.wikipedia.org/w/index.php?title=Fichier:Fulica_atra.jpg *License*: GNU Free Documentation License *Contributors*: M.Buschmann

Image:200501 - Fulica atra.JPG *Source*: http://fr.wikipedia.org/w/index.php?title=Fichier:200501_-_Fulica_atra.JPG *License*: GNU Free Documentation License *Contributors*: User:Semnoz

Image:ThiMil_Foulque.JPG *Source*: http://fr.wikipedia.org/w/index.php?title=Fichier:ThiMil_Foulque.JPG *License*: Creative Commons Attribution *Contributors*: Original uploader was Webrunner at fr.wikipedia

Image:P4160089.JPG *Source*: http://fr.wikipedia.org/w/index.php?title=Fichier:P4160089.JPG *License*: Public Domain *Contributors*: Alpha.prim, Kersti Nebelsiek, MPF, Rüdiger Wölk, Wst

Image:Fulica atra on ice.jpg *Source*: http://fr.wikipedia.org/w/index.php?title=Fichier:Fulica_atra_on_ice.jpg *License*: Creative Commons Attribution-Sharealike 3.0 *Contributors*: Philippe Amelant

Image:Fulica atra JPG1a.jpg *Source*: http://fr.wikipedia.org/w/index.php?title=Fichier:Fulica_atra_JPG1a.jpg *License*: Creative Commons Attribution 3.0 *Contributors*: Jean-Pol GRANDMONT

GNU Free Documentation License Version 1.2, November 2002 Copyright (C) 2000,2001,2002 Free Software Foundation, Inc. 59 Temple Place, Suite 330, Boston, MA 02111-1307 USA Everyone is permitted to copy and distribute verbatim copies of this license document, but changing it is not allowed.

0. PREAMBLE

The purpose of this License is to make a manual, textbook, or other functional and useful document "free" in the sense of freedom: to assure everyone the effective freedom to copy and redistribute it, with or without modifying it, either commercially or noncommercially. Secondarily, this License preserves for the author and publisher a way to get credit for their work, while not being considered responsible for modifications made by others. This License is a kind of "copyleft", which means that derivative works of the document must themselves be free in the same sense. It complements the GNU General Public License, which is a copyleft license designed for free software. We have designed this License in order to use it for manuals for free software, because free software needs free documentation: a free program should come with manuals providing the same freedoms that the software does. But this License is not limited to software manuals; it can be used for any textual work, regardless of subject matter or whether it is published as a printed book. We recommend this License principally for works whose purpose is instruction or reference.

1. APPLICABILITY AND DEFINITIONS

This License applies to any manual or other work, in any medium, that contains a notice placed by the copyright holder saying it can be distributed under the terms of this License. Such a notice grants a world-wide, royalty-free license, unlimited in duration, to use that work under the conditions stated herein. The "Document", below, refers to any such manual or work. Any member of the public is a licensee, and is addressed as "you". You accept the license if you copy, modify or distribute the work in a way requiring permission under copyright law. A "Modified Version" of the Document means any work containing the Document or a portion of it, either copied verbatim, or with modifications and/or translated into another language. A "Secondary Section" is a named appendix or a front-matter section of the Document that deals exclusively with the relationship of the publishers or authors of the Document to the Document's overall subject (or to related matters) and contains nothing that could fall directly within that overall subject. (Thus, if the Document is in part a textbook of mathematics, a Secondary Section may not explain any mathematics.) The relationship could be a matter of historical connection with the subject or with related matters, or of legal, commercial, philosophical, ethical or political position regarding them. The "Invariant Sections" are certain Secondary Sections whose titles are designated, as being those of Invariant Sections, in the notice that says that the Document is released under this License. If a section does not fit the above definition of Secondary then it is not allowed to be designated as Invariant. The Document may contain zero Invariant Sections. If the Document does not identify any Invariant Sections then there are none. The "Cover Texts" are certain short passages of text that are listed, as Front-Cover Texts or Back-Cover Texts, in the notice that says that the Document is released under this License. A Front-Cover Text may be at most 5 words, and a Back-Cover Text may be at most 25 words. A "Transparent" copy of the Document means a machine-readable copy, represented in a format whose specification is available to the general public, that is suitable for revising the document straightforwardly with generic text editors or (for images composed of pixels) generic paint programs or (for drawings) some widely available drawing editor, and that is suitable for input to text formatters or for automatic translation to a variety of formats suitable for input to text formatters. A copy made in an otherwise Transparent file format whose markup, or absence of markup, has been arranged to thwart or discourage subsequent modification by readers is not Transparent. An image format is not Transparent if used for any substantial amount of text. A copy that is not "Transparent" is called "Opaque". Examples of suitable formats for Transparent copies include plain ASCII without markup, Texinfo input format, LaTeX input format, SGML or XML using a publicly available DTD, and standard-conforming simple HTML, PostScript or PDF designed for human modification. Examples of transparent image formats include PNG, XCF and JPG. Opaque formats include proprietary formats that can be read and edited only by proprietary word processors, SGML or XML for which the DTD and/or processing tools are not generally available, and the machine-generated HTML, PostScript or PDF produced by some word processors for output purposes only. The "Title Page" means, for a printed book, the title page itself, plus such following pages as are needed to hold, legibly, the material this License requires to appear in the title page. For works in formats which do not have any title page as such, "Title Page" means the text near the most prominent appearance of the work's title, preceding the beginning of the body of the text. A section "Entitled XYZ" means a named subunit of the Document whose title either is precisely XYZ or contains XYZ in parentheses following text that translates XYZ in another language. (Here XYZ stands for a specific section name mentioned below, such as "Acknowledgements", "Dedications", "Endorsements", or "History".) To "Preserve the Title" of such a section when you modify the Document means that it remains a section "Entitled XYZ" according to this definition. The Document may include Warranty Disclaimers next to the notice which states that this License applies to the Document. These Warranty Disclaimers are considered to be included by reference in this License, but only as regards disclaiming warranties: any other implication that these Warranty Disclaimers may have is void and has no effect on the meaning of this License.

2. VERBATIM COPYING

You may copy and distribute the Document in any medium, either commercially or noncommercially, provided that this License, the copyright notices, and the license notice saying this License applies to the Document are reproduced in all copies, and that you add no other conditions whatsoever to those of this License. You may not use technical measures to obstruct or control the reading or further copying of the copies you make or distribute. However, you may accept compensation in exchange for copies. If you distribute a large enough number of copies you must also follow the conditions in section 3. You may also lend copies, under the same conditions stated above, and you may publicly display copies.

3. COPYING IN QUANTITY

If you publish printed copies (or copies in media that commonly have printed covers) of the Document, numbering more than 100, and the Document's license notice requires Cover Texts, you must enclose the copies in covers that carry, clearly and legibly, all these Cover Texts: Front-Cover Texts on the front cover, and Back-Cover Texts on the back cover. Both covers must also clearly and legibly identify you as the publisher of these copies. The front cover must present the full title with all words of the title equally prominent and visible. You may add other material on the covers in addition. Copying with changes limited to the covers, as long as they preserve the title of the Document and satisfy these conditions, can be treated as verbatim copying in other respects. If the required texts for either cover are too voluminous to fit legibly, you should put the first ones listed (as many as fit reasonably) on the actual cover, and continue the rest onto adjacent pages. If you publish or distribute Opaque copies of the Document numbering more than 100, you must either include a machine-readable Transparent copy along with each Opaque copy, or state in or with each Opaque copy a computer-network location from which the general network-using public has access to download using public-standard network protocols a complete Transparent copy of the Document, free of added material. If you use the latter option, you must take reasonably prudent steps, when you begin distribution of Opaque copies in quantity, to ensure that this Transparent copy will remain thus accessible at the stated location until at least one year after the last time you distribute an Opaque copy (directly or through your agents or retailers) of that edition to the public. It is requested, but not required, that you contact the authors of the Document well before redistributing any large number of copies, to give them a chance to provide you with an updated version of the Document.

4. MODIFICATIONS

You may copy and distribute a Modified Version of the Document under the conditions of sections 2 and 3 above, provided that you release the Modified Version under precisely this License, with the Modified Version filling the role of the Document, thus licensing distribution and modification of the Modified Version to whoever possesses a copy of it. In addition, you must do these things in the Modified Version: A. Use in the Title Page (and on the covers, if any) a title distinct from that of the Document, and from those of previous versions (which should, if there were any, be listed in the History section of the Document). You may use the same title as a previous version if the original publisher of that version gives permission. B. List on the Title Page, as authors, one or more persons or entities responsible for authorship of the modifications in the Modified Version, together with at least five of the principal authors of the Document (all of its principal authors, if it has fewer than five), unless they release you from this requirement. C. State on the Title page the name of the publisher of the Modified Version, as the publisher. D. Preserve all the copyright notices of the Document. E. Add an appropriate copyright notice for your modifications adjacent to the other copyright notices. F. Include, immediately after the copyright notices, a license notice giving the public permission to use the Modified Version under the terms of this License, in the form shown in the Addendum below. G. Preserve in that license notice the full lists of Invariant Sections and required Cover Texts given in the Document's license notice. H. Include an unaltered copy of this License. I. Preserve the section Entitled "History", Preserve its Title, and add to it an item stating at least the title, year, new authors, and publisher of the Modified Version as given on the Title Page. If there is no section Entitled "History" in the Document, create one stating the title, year, authors, and publisher of the Document as given on its Title Page, then add an item describing the Modified Version as stated in the previous sentence. J. Preserve the network location, if any, given in the Document for public access to a Transparent copy of the Document, and likewise the network locations given in the Document for previous versions it was based on. These may be placed in the "History" section. You may omit a network location for a work that was published at least four years before the Document itself, or if the original publisher of the version it refers to gives permission. K. For any section Entitled "Acknowledgements" or "Dedications", Preserve the Title of the section, and preserve in the section all the substance and tone of each of the contributor acknowledgements and/or dedications given therein. L. Preserve all the Invariant Sections of the Document, unaltered in their text and in their titles. Section numbers or the equivalent are not considered part of the section titles. M. Delete any section Entitled "Endorsements". Such a section may not be included in the Modified Version. N. Do not retitle any existing section to be Entitled "Endorsements" or to conflict in title with any Invariant Section. O. Preserve any Warranty Disclaimers. If the Modified Version includes new front-matter sections or appendices that qualify as Secondary Sections and contain no material copied from the Document, you may at your option designate some or all of these sections as invariant. To do this, add their titles to the list of Invariant Sections in the Modified Version's license notice. These titles must be distinct from any other section titles. You may add a section Entitled "Endorsements", provided it contains nothing but endorsements of your Modified Version by various parties--for example, statements of peer review or that the text has been approved by an organization as the authoritative definition of a standard. You may add a passage of up to five words as a Front-Cover Text, and a passage of up to 25 words as a Back-Cover Text, to the end of the list of Cover Texts in the Modified Version. Only one passage of Front-Cover Text and one of Back-Cover Text may be added by (or through arrangements made by) any one entity. If the Document already includes a cover text for the same cover, previously added by you or by arrangement made by the same entity you are acting on behalf of, you may not add another; but you may replace the old one, on explicit permission from the previous publisher that added the old one. The author(s) and publisher(s) of the Document do not by this License give permission to use their names for publicity for or to assert or imply endorsement of any Modified Version.

5. COMBINING DOCUMENTS

You may combine the Document with other documents released under this License, under the terms defined in section 4 above for modified versions, provided that you include in the combination all of the Invariant Sections of all of the original documents, unmodified, and list them all as Invariant Sections of your combined work in its license notice, and that you preserve all their Warranty Disclaimers. The combined work need only contain one copy of this License, and multiple identical Invariant Sections may be replaced with a single copy. If there are multiple Invariant Sections with the same name but different contents, make the title of each such section unique by adding at the end of it, in parentheses, the name of the original author or publisher of that section if known, or else a unique number. Make the same adjustment to the section titles in the list of Invariant Sections in the license notice of the combined work. In the combination, you must combine any sections Entitled "History" in the various original documents, forming one section Entitled "History"; likewise combine any sections Entitled "Acknowledgements", and any sections Entitled "Dedications". You must delete all sections Entitled "Endorsements".

6. COLLECTIONS OF DOCUMENTS

You may make a collection consisting of the Document and other documents released under this License, and replace the individual copies of this License in the various documents with a single copy that is included in the collection, provided that you follow the rules of this License for verbatim copying of each of the documents in all other respects. You may extract a single document from such a collection, and distribute it individually under this License, provided you insert a copy of this License into the extracted document, and follow this License in all other respects regarding verbatim copying of that document.

7. AGGREGATION WITH INDEPENDENT WORKS

A compilation of the Document or its derivatives with other separate and independent documents or works, in or on a volume of a storage or distribution medium, is called an "aggregate" if the copyright resulting from the compilation is not used to limit the legal rights of the compilation's users beyond what the individual works permit. When the Document is included in an aggregate, this License does not apply to the other works in the aggregate which are not themselves derivative works of the Document. If the Cover Text requirement of section 3 is applicable to these copies of the Document, then if the Document is less than one half of the entire aggregate, the Document's Cover Texts may be placed on covers that bracket the Document within the aggregate, or the electronic equivalent of covers if the Document is in electronic form. Otherwise they must appear on printed covers that bracket the whole aggregate.

8. TRANSLATION

Translation is considered a kind of modification, so you may distribute translations of the Document under the terms of section 4. Replacing Invariant Sections with translations requires special permission from their copyright holders, but you may include translations of some or all Invariant Sections in addition to the original versions of these Invariant Sections. You may include a translation of this License, and all the license notices in the Document, and any Warranty Disclaimers, provided that you also include the original English version of this License and the original versions of those notices and disclaimers. In case of a disagreement between the translation and the original version of this License or a notice or disclaimer, the original version will prevail. If a section in the Document is Entitled "Acknowledgements", "Dedications", or "History", the requirement (section 4) to Preserve its Title (section 1) will typically require changing the actual title.

9. TERMINATION

You may not copy, modify, sublicense, or distribute the Document except as expressly provided for under this License. Any other attempt to copy, modify, sublicense or distribute the Document is void, and will automatically terminate your rights under this License. However, parties who have received copies, or rights, from you under this License will not have their licenses terminated so long as such parties remain in full compliance.

10. FUTURE REVISIONS OF THIS LICENSE

The Free Software Foundation may publish new, revised versions of the GNU Free Documentation License from time to time. Such new versions will be similar in spirit to the present version, but may differ in detail to address new problems or concerns. See http://www.gnu.org/copyleft/. Each version of the License is given a distinguishing version number. If the Document specifies that a particular numbered version of this License "or any later version" applies to it, you have the option of following the terms and conditions either of that specified version or of any later version that has been published (not as a draft) by the Free Software Foundation. If the Document does not specify a version number of this License, you may choose any version ever published (not as a draft) by the Free Software Foundation. ADDENDUM: How to use this License for your documents To use this License in a document you have written, include a copy of the License in the document and put the following copyright and license notices just after the title page: Copyright (c) YEAR YOUR NAME. Permission is granted to copy, distribute and/or modify this document under the terms of the GNU Free Documentation License, Version 1.2 or any later version published by the Free Software Foundation; with no Invariant Sections, no Front-Cover Texts, and no Back-Cover Texts. A copy of the license is included in the section entitled "GNU Free Documentation License". If you have Invariant Sections, Front-Cover Texts and Back-Cover Texts, replace the "with...Texts." line with this: with the Invariant Sections being LIST THEIR TITLES, with the Front-Cover Texts being LIST, and with the Back-Cover Texts being LIST. If you have Invariant Sections without Cover Texts, or some other combination of the three, merge those two alternatives to suit the situation. If your document contains nontrivial examples of program code, we recommend releasing these examples in parallel under your choice of free software license, such as the GNU General Public License, to permit their use in free software.

Printed by Books on Demand GmbH, Norderstedt / Germany